台灣書店風情

韓維君　馬本華　董曉梅　黃尚雄　蘇秀雅　席寶祥　張　盟　王佩玲

《台灣書店風情》代序

逛書店——除了看書，也可以逛店

黃威融

近幾年以來，台灣新興的出版潮流中極為顯目的一種類型，就是對於街頭知識的渴望，急切想要瞭解店家來龍去脈的出版品大量地被挖掘問世，不管是小吃攤還是咖啡館，逛街採購路線或者旅行地點規劃，現在輪到書店來當主角。

你多久逛一次書店？你會挑特定的書店逛嗎？你是否固定去某一家特定的書店買書呢？你平均一個月在書店花多少錢？你比較常買書還是買雜誌？而你買的是台灣自製品還是進口貨？

「逛書」和「逛店」兩個部分：雖說台灣大多數書店擺設的書籍雷同性偏高，但是若你是一個常逛書店的人，你一定有能力具體說明兩家書店內容的同與不同；要是討論起書店的場所精神，喜歡逛書店的朋友往往也有本事鉅細靡遺地列舉出來。

不過若是我們想知道更多關於書店的「內情」，光是常常去書店逛是不夠的，這一本由一群年輕朋友共同採訪寫作完成《台灣書店風情》，在某種程度幫助了我們更加瞭解台灣各式各樣不同的書店。

我常常這麼想，在台灣會想到去開書店的人，基本上應該都算是一群非理性的人吧！越是瞭解書店在台灣經營的困難，甚至會覺得「書店」應該列為政府重點補助行業。大多數的書店業者都是浪漫的理想主義信徒，即使在市場經濟的驅迫下在商言商，書店比起其他行業仍然屬於獲利偏低的商業項目。

不過正因為有這麼多「比較不是那麼計較財務報表」的老闆們，在台灣我們才有各種不一樣的書店好逛。不管是有歷史的書店、或是定位清楚的主題書店、乃至連鎖經營的品牌書店，各自提供了具有自己特色的書店內涵讓我們細細品味。

《台灣書店風情》應該只是「書店專題出版品」的第一步，它為當下的台灣書店們留下了一份文字紀錄，將來我們可能還需要更多針對書店產業有用而且有實際參考價值的研究報告，例如比較精密的銷售分析、比較有參考意義的排行榜設計、更有個性的店家推薦書……的整理討論，除了替書店的身世作傳之外，也能提出改革方案與實踐策略的可能，讓台灣的書店更有看頭。

身為一個華文書籍的內容創作者，其實是非常高興看到台灣的書店經營成為一個熱門行業。當一般的普羅大衆有更多的機會去逛書店，去發現有什麼書是自己感興趣可以讀的，增加的不只是出版商、書店與創作者的利潤而已，還有整個社會的閱讀品質與知識品味。一座城市是否擁有好書店絕對是決定城市品質的重要參考指標，我們的城市及不及格，等讀完這本書再說吧。

註：黃威融，作家，個人著有《旅行就是一種shopping》、《Shopping Young》，並與友人合著《在台北生存的一百個理由》。

胖子愛逛書店論

我喜歡逛書店

趙自強

不用懷疑胖子也可以愛逛書店，也喜歡各式各樣的書籍雜誌，它們看起來像是可口的蛋糕點心；也喜歡精心設計的文具用品，它摸起來好似匠心獨運的廚具；也喜歡特殊氣味的油墨紙張，它們聞起來就像有不同菜色所具有的獨特個性；也喜歡愛書人緩緩的腳步，因為它們聽起來彷彿是美食專家專注享受的聲音。

在不同的書店裡，不同體重的人可以閱讀相同的書，愛吃的人總是忍不住交換著彼此的美食經驗，這幾位朋友就在這種「呷好到相報」的心情下，完成了《台灣書店風情》這本書。也許，下次你也會在這些精彩豐富的地方，遇見愛逛書店的胖子。

註：趙自強，知名電視，舞台劇演員。

《台灣書店風情》作者序

台灣文化的幕後英雄，請上台接受表揚！

韓維君

我們八個人(加上攝影一共九人)終於把這本書推上舞台了。在這行隊伍中許多人都是第一次現身於世，面對自己的處女秀，任誰都會感到忐忑不安，但是過程中他們對自我的極度要求，對文字的精雕細琢，早就彌補了初次寫稿所可能犯的技法生澀、結構散漫等毛病。

《台灣書店風情》只是一本對書店的基礎素描，所有的寫作者都是無庸置疑的愛書人，由愛書進而愛上逛書店，在逛書店的過程中發現書店的經營者是一群非常有趣的人，幾乎所有經營者都抱持著做「慈善事業」的心態在營業。如果經營得法，他們會把營收全數投入與書、與人相關的事項上——總的來說，他們的快樂完全奠基在別人的快樂上。

開書店、著書，都是一種夢想的完成，尤其在競爭力超強的台灣市場，任何一種成功的範例都會引起同業的覬覦，轉眼間，創意被吞噬，重複出現的同類型產品讓消費者倒盡胃口。所幸還有經營者願意固守辛苦建立的城堡，維護他們獨特的品味，自成一家。或者不畏潮流的汰換，數十年如一日，在他們身上我們見著歲月風貌多嫵媚。大型連鎖書店的興起，的確也像《電子情書》一片所描述的，對「街角書店」造成很大的壓力，但卻讓書店經營成為一門顯學，讓書店商品的銷售過程變得簡單透明，此舉已經大大改變台灣的文化產業結構。

愛書人應該是不變的，但是，買書已成為一種具有「比較性」的行為，在過程中許多附加價值都被考慮進去：書店的裝潢、書價的折扣度、店員的服務態度、有沒有可供閱讀休憩的場所……等等，讓書店經營脫胎換骨，可能從此變成一個「高門檻」的行業，但是街角書店仍有存在之必要，因為佔了地利之便，加上它們對鄰里消費群的熟悉度已掌握有年。總之，我們在這本書中看到許多具有特色的地方性書店，每位經營者都有滿腔熱誠、滿懷抱負，願意在艱苦的環境中繼續奮鬥不懈。

由這本書，讀者或許看不到深奧的學理分析、策略歸納，因為我們寫的不是「書店市場學」，但它卻是一本作者群為力求詳盡，幾近踏破鐵鞋才戮力完成的「書店巡禮記」，我們希望用這本書，記錄台灣書店最動人、最翔實的一面，讓這些幕後英雄——書店老闆們——為自己最珍惜的心血結晶說幾句話，僅此而已。

希望你和我們一樣，為他們鼓掌喝采。

連鎖書店 12

特色書店 56

有歷史的書店 184

地方代表性書店 214

連鎖書店

- 新學友　五星級書店的夢想家
- 金石堂　普羅大衆的優先考量
- 何嘉仁　新世代家庭終身學習的好夥伴
- 誠　品　在書與非書之間閱讀

新學友

五星級書店的夢想家

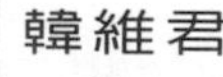

新學友的發展沿革

台灣的書店業與出版業，可推至三十年前，當時的書店多開在重慶南路，在此區外的只有襄陽路的新學友一家，當時金石堂尚未成立(民國72年成立)。新學友是從重慶北路的一家書局開始的，這家書店由台南南一書局老闆千金廖淑杏女士負責。台南南一書局在書店業的歷史相當悠久，當時有所謂南有南一，北有新學友的說法。廖女士在台北市重慶北路的大橋國小旁邊開設南一書局台北分店，一位大橋國小的老師常常到店裡選購參考書籍，雙方因此結識，並進而戀愛爾後結為連理，這位老師就是新學友的前任董事長廖進崇。許多人不知道南一書局與新學友書局的淵源，原來中間有這麼動人的愛情故事。

民國71年，新學友到仁愛圓環開設第二家分店，當時此地仍為一片稻田，但廖先生看出這邊環境有發展潛力，當時一坪的地價大約才二、三十萬左右。自此，新學友可說是台灣第一家連鎖書店之始。以前的傳統書店皆單獨開設，光線昏暗，空氣悶滯，最多只有幾架搖頭晃腦的電扇，老闆或老闆娘高高坐在櫃檯之上，盯著顧客的一舉一動。新學友是當時第一家有空調、音樂、光線明亮，並設有閱讀椅的書店，樓上還設有書香園可喝咖啡，這種新的做法徹底改變了傳統的書店經營模式。中午常有人去新學友看看書、吹吹冷氣、喝喝咖啡、聽聽音樂，去新學友變成一種享受。

連鎖書店的老大哥

新學友總策劃林慶旺認為，連鎖書店的經營方式也許是由新學友帶領起來的，但是何以書店業財力最雄厚的新學友的連鎖店數卻遠遠不及金石堂？這點可能與經營者的個性有關。一直以來，新學友採取「謹慎為上」的經營手法，「我認為管理是開立書店最重要的一環，新學友對人員的管理相當重視，就像拍一部電影需要各類工作人員，由導演主導全局，書店也是這樣。」新學友先從內部作電腦整合，大約在三年前內部就已整合完畢，兩年前開始開放加盟經銷；經銷加盟店必須以電腦與總公司連線，統整出進貨與庫存狀況。由於大環境一直在改變，連鎖書店日多，競爭對象日多。民國78年誠品進入書店市場，開創更新穎的發展空間，「誠品不但賣書，更賣氣氛。這種經營方式直到十年之後，從今年開始，才轉虧為盈。」

新學友銷售項目以本版品為主，本版品多為教學相關出版品，如參考書等等，因此書店的營收其實並不是新學友最大的盈利來源。「我想誠品的經營之所以辛苦，也許是因為它沒有自己出版品的關係，」林慶旺說。此外，新學友的管理模式也受到日本書店制度的影響，總經理廖先生受過日本式教育，而日本的書店業主要受到兩大物流系統的影響，一是東販，一是日販，這兩個系統瓜分了日本書籍市場的流通，一個新進的書店業者在創業前必須決定自己要加入哪一個系統；而連鎖書店也有兩個經營要項：一是進貨迅速，一是退貨準確。前者指出版社將新書送達物流中心後，物流中心要立刻將書配發到全國，這個過程的速度不能有所耽誤。後者則針對銷售不好的書籍，退貨時數量統計結果務必正確無誤，在這一點上，日本研究出一個審核的方法：在書籍運送前必須經由過磅得出一個數量，對方在收到書時不拆封先過磅，數量不對立即退貨，這個責任必須由物流中心來擔。過磅可避免數量訛誤的問題，日本的連鎖書店就是用這個方式驗收進退書量的。

新學友的新變革

一個大型書店的貨品多在十萬種左右，有些比較不具時效性的書籍，便交由貨運公司寄送；具有時效性的貨品，例如雜誌等，就不能經由物流送達，因為這種出版品，比如周刊需要在兩天之內售出，否則就失去價值。新學友書店已經走了四十年，現在如果有什麼改變，變化也不會太大。「雖說書店自己有出版品，獲利會比沒有出版品的同業穩定，但是參考書市場的競爭也非常激烈。」小學參考書一本要三、四百元，家長或許會想，普通一本書才一、兩百元，但是卻沒想到一本參考書需要多位老師編寫，自然得賣得貴些。一般書籍銷售書店大概可獲利一成，銷售參考書則獲利較多。

林慶旺也談到誠品的經營手法，「我很尊敬誠品的吳清友先生，他對經營書店有很崇高的理想性，他的經營手法也深深影響了同業，更開啓讀者的視野。」「新學友這位書店業的老大哥受到這位小老弟的啓發，也亟思改變。」一年前他提出五星級書店的構想，受到媒體的熱烈反應。其實五星級書店在日、法、英、美各地皆有，這是一種有著超大賣場的書店，就像把現在的誠品敦南店二樓放大三到五倍，販售項目也以等比級數增加。「我心目中的五星級書店是一整棟建築物，各類圖書分層放在不同樓層，讀者可以在這裡找到所有想要的書。」他說，誠品能有今天的成績，媒體居功厥偉，希望新學友的改變，也能給台灣商界帶來良性競爭，帶給大衆良性刺激。「台灣人的素質日漸提昇，我們希望能逐漸摒棄惡質競爭，不斷創新與突破。」

誠品走複合式經營路線，新學友也在思考未來該走單純書店的經營方式，或是吸收小型書店形成聯盟，但這是兩個不同的思考方向。如果以整棟建築單純經營書店的方式，日本、英國有先例，法國的Fnac書店則是走複合式路線。「如果問我本人，我希望走整棟建築純書店的路線。」台灣出版社密度相當高，目前全台灣書店有二、三千家，出版社約5,600家；日本全國的出版社不過4,600家，但書店已有20,000多家。「台灣共有309個鄉鎮，新學友想設點其實還有相當大的空間可供發揮。」如果金石堂、何嘉仁、誠品他們都把店設在大都市，新學友可以不加入這場城市之戰，改到社區鄉鎮去開發，「我們全省走透透，到各地開加盟書店，對鄉鎮社區也有正面影響。」

潛力雄厚的服務業

如此說來，小書店還有生存的空間嗎？

「小書店較難維持穩定營收，除非走的是專業路線，讓讀者一想到要買某類型的書立刻想到這某間書店。」新學友的特色定位在「0到12歲」的兒童叢書與經營管理方面的書。除了靜態的陳列，新型書店也相當講究包裝和行銷，他認為這種良性競爭可以為文化界帶來往上升級的機會。加上國中、小教科書全面開放，足見書店業一個潛力雄厚的大市場。他也認為書店的「服務」很重要，店員的態度親切周到可以吸引住顧客。

全家人的書店

「我希望，讓大眾對新學友的印象不只賣童書，更朝向『全家人的書店』的目標而努力。我在書店的總體規劃上，以日本書店為借鏡。」他學習日本書店對細節

的追求態度：「有一家書店的紙袋做的很漂亮，我在日本寧願花30分鐘到他們店裡去買一本書，就只為那個紙袋。不經意地，那些使用紙袋的消費者都為書店做了活廣告。」書店的空間設計也很重要，除了塑造一種氛圍，如何在沒有店員的情況下也讓讀者能輕易找到想要的書，或者提供他更多的週邊服務，比如托嬰育兒區的設置。到目前為止尚無書店做到這一點，這都是新學友未來可以努力的方向。

金石堂

普羅大眾的優先考量

韓維君

金石堂副總經理陳斌在受訪時，對於「書店的型態和經營者有著密切關係，特色書店常直接反應經營者的個性，連鎖書店則反映經營者所創造的行銷機制」此點表示認同。書店的經營模式和經營者的思考邏輯有關，「金石堂將本身定位在於提供普羅大衆一個可以逛書店買書的空間，目標市場即為一般大衆，所以在軟體(商品結構)硬體(書架設計、氣氛營造、動線安排)方面，皆須周延考慮，我們還要顧慮到性別、年齡等差異。這些因素都影響了書店的各種設備、佈置及行銷的動作。」他認為不管像誠品、新學友、何嘉仁、金石堂這些連鎖書店，或是所謂的特色書店，都會考慮到這些方面：「書店想要生存下去，一定要有自己的特色。」

專業經營理念

外界常從一個既定觀點來定位金石堂，說它的經營者不是以書店經營為主業，只把它當作一個附屬的事業，陳斌認為，這是外人不同的看法：「第一，其實對任何經營者而言，事業並沒有分什麼是主要的、什麼又是附屬的」。金石堂的老闆原本經營高紗紡織，所以可以說金石堂的母體是高紗紡織，但不論是過去的或現在的金石堂，與高紗紡織皆無主從關係或主副之別。「對我們的創辦人而言，兩者都是他的主業。」第二，「以營業額來看，金石堂是高紗紡織的三倍，由此可見，二者並不具備主從關係。」金石堂自創辦日起，經營者就決定朝文化事業及零售業同步邁進。

金石堂汀州店發展出「金巧思」等附屬企業，是因為配合汀州路附近商圈的需求。經過審慎評估，在經營金石堂本店之始，就已經決定朝「複合經營式」路線發展，「因為這個商場有350坪的面積，又有兩層樓面可供運用。我們當然可以全部用來經營書店，但是這比較不符合經濟效益。」考慮到書的迴轉率不夠高，獲利率一定不如預期，如能配合公館商圈較多年輕消費者的特性，可以採取百貨公司的經營方式，兼售服裝等子項目。「本來還賣運動器材、漢堡炸雞等項目，後因特色不足以與連鎖經營的商店競爭，三、四年後就收掉了。」服裝之所以留下來，是因為「當時公館商圈的服裝店多半賣的是B檔貨，且無大賣場，我們納入幾個品牌如Esprit、Baby do、fenarri、G2000、Lee、藍哥、Dr. Martin等等，都是有品牌的國際性商品。」以中小型服裝店與書店做搭配，配上本有的咖啡店，便成為複合式經營的書店。公館店完全是因為附近商圈的性質，與它本身所擁有的大空間，才發展成現在的狀況。其他分店則以專業書局形式經營，販售項目至多包括圖書、雜誌、文具、唱片等，「我們認為要做到專業才能形成自己的風格。連鎖店大家都可以做，那不是一種特色，當然也有像誠品以連鎖的方式做複合式書店，那就是它們的特色與經營理念。」

結識好厝邊，匯結集客力

筆者問起金石堂在決定設店前可有特別考慮？據陳副總分析，考慮的因素包括：當地是否為熱鬧的商圈？交通是否便利？周邊是否有學校？因為有學校一定有住家、商店，如金石堂忠孝店附近有公司行號，後有延吉街的住家，所以上班時間會有上班族前來，下班後附近住家即逛街的人群也會進來，客層十分多元。針對不同地區，他們有不同的考量目標，但主要都是針對這個地區有效的消費人口數目。筆者又問道，如果設店地點貼近同質性競爭對象，金石堂的因應之道為何？比如台南金石堂與台南敦煌幾乎比鄰而居。他說：「台南金石堂開店距今兩年，我們當初知道它與台南敦煌緊鄰，但是我們把它想成是一種與厝邊『結識』的效果，因為同質性的商店集中會吸引顧客群，有競爭就有進步。」像公館商圈，光是書店就有金石堂、唐山、女書店、誠品幾家，重慶南路的書店更是櫛比鱗次，這家沒找到，顧客可以再換一家，直到尋覓到他想要的書籍為止。不同書店特色各具，也能吸引人潮。此為其一。

再者，如果台南的金石堂店面不能與敦煌相抗衡，就不做考慮，否則只有挨打的份。台南書店原本集中在北門路，後來電腦業進入此區經營後，變得有些混雜，自敦煌在中山路開店以來，吸引了許多購書者——「我們再開一家，可以讓這區更具吸引力，讓北門路的購書人轉移陣地，果不其然，我們兩家書店帶動了中山路的買書風潮，」他說這是兩家書店實力旗鼓相當，良性競爭造成的狀況。

連鎖書店佈點要領

現在最具知名度的書店「誠品」目前也走向「複合

式」的經營策略，除了汀州店以外，金石堂是否也有朝此發展的計畫？他說，這是誠品的經營策略，金石堂只是想走「專業書店」的形式。誠品吃下西門町的大千百貨、台中的龍心，這樣的路線也許有經營上的考量，但他並不認為很理想，「他們對設店地點是否曾做過深入的評估？此區商機如何？經營起來是否壓力太大？我聽說誠品在台中龍心的營業額只有昔日的一半。」當初金石堂在龍心也有150坪的賣場，可是後來收了，最大的原因是「那個商圈已經死了」。附近很多店面都在待租當中，顧客多轉往中友或SOGO一帶。「我想主要是因為龍心附近不易停車，單行道又多，新興地區正好無此缺點。我們在台中遠東對面的店雖已開了六年，也要收了。因為人潮不再。」

加盟經銷進駐社區

金石堂從今年起開放加盟經銷，要求對象所具條件為何？陳副總認為，一個連鎖經營系統若要從事加盟店，必須先把直營店的經營技術演練純熟後才能進行，否則自以為招牌值錢可以吸收加盟店，收了加盟金又不

能提供技術指導，對加盟者與提供技術者都不是件好事。金石堂在經營十六年後，在銷售、物流、電腦系統各部分已經有了規模，才有能力當人家的顧問，指導別人開店know-how。「因為如果要我們自己一家家拓點，由於作業的繁瑣、人手的不足，最多一個月開一家」；有些人自己有店面，不願租給別人開，但願意自己加盟金石堂開店。「我們提供的技術自然不是全部，如電腦資料的處理，主控權在我們手中，加盟期滿，軟體資料是帶不走的，加盟時可以使用，期滿則要收回。」可以轉移的包括如何服務客人、如何安排商品的陳列等技術。「開加盟店可以增加本店的行政速度與廣度，目前我們的策略是擁有200坪以上店面的才具有開分店的資格，50至100坪則儘量建議店主開加盟店。」在社區之中，開加盟店尤其適合，因為社區店面面積較小，若由總店派一位店長去管理經營，才建立的良好主顧關係容易因調職而中斷，換新店長又得重新建立關係，若是加盟店就可維持長久的賓主關係。

金石堂應該是第一家做暢銷書排行榜的大型書店，這的確是一種良好的促銷手段，但是筆者問，這是否也存在著把書「商品化」的隱憂？陳彬強調：「書本來就是商品，否則客人何必要拿錢來跟你買書？」但要注意的是如何定義排行榜？有排行即表示有銷售順序，此乃依銷售數字(全省70家分店)統計出來的，各家售出數量皆由電腦統計，由於遍布全省，故具有代表性。排行榜只是量的排行而非質的比較。「質如何比較高低？個人見仁見智、胃口不同，有人喜歡淺顯易懂，有人好專業艱深，不同標準如何較出高下？」相較之下，「量」就是客觀的、不能作假的數字。當然，「有些出版社為了刺激銷路，可能運用一些促銷手法，我認為這是無可厚非的，書本是商品，否則何須定價出售？」出版社運用的促銷手法，比如邀請作家開新書發表會、簽名會、演講會等等，甚至有作者在上課時要求學生購買，或規定學生寫心得報告——「現在已經是一個以行銷為主的時代，若只會出書而不會賣書，豈不全要變成庫存了？」

若有作者或出版商以大量購買來提高銷售量，用以改變排行榜名次，金石堂也制定出一些方法規避這種情況。他們在電腦POS系統中作精確統計，可以清楚地看出幾點幾分賣出幾本，倘若一次大量購買，電腦並不會以這個量計算，而是採用另一個相對的數字。「我們也會與其他書局的排行榜做一個比較，起初，誠品與我們有些不同，但目前我們與其他書店大概有七成是相同的。」不同之處，或許與書店經營特色、所處商圈特質相關，但不致有特殊狀況出現，如《壯志未酬》、《燕子》、《數位神經系統》，在幾家大書店都是排行榜前幾名。年度排行榜與誠品亦有七成相同。

暢銷書排行榜體現大衆喜好

最初金石堂只在台北有二、三家時，可以說是「金石堂的排行榜」，書只在這幾家流行，但今天全台有七十幾家店，只剩澎湖、花蓮、台東還沒點，這份統計數字是可以涵蓋全台灣的，亦即榜上的書不論在何地都是最好賣的。「我承認排行榜是很好的促銷手法，否則誠品、新學友、何嘉仁都不必做此動作，甚至中南部有中盤書

商以金石堂的排行榜向書店建議進書的書目。」「我們在作統計時力求公平公正，但仍有些不同的聲音，如有人認為某些極有水準的書卻上不了排行榜，這就是『大衆』與『分衆』的不同了。」大家都愛看光禹的書，但有人不愛，你不能因此說光禹的書不好，這是量的問題。所謂高水準，每人認定的標準不同，有些書也許可定位為通俗文學，較容易取得大衆的喜愛，但比爾·蓋茲的書很專業，不是通俗文學，只因大家都關心電腦，所以銷路很好，再如龍應台的《野火集》在當時掀起風潮，大家都在談她書中的一些社會問題，如果你沒看過，你就插不上話，自然爭相購閱。前兩年，EQ類書賣得很好，其實那本書很難讀的，內容也很艱澀，但卻賣了16萬本，主因乃在同是朋友只要溝通不良就認為對方EQ不好，於是必須找來看看、買來看看，一時成了流行的現象。「這種現象表示在當時社會大衆共同關心某一話題，共同喜愛某一作家，不必刻意地去區分水準好或不好，或許有些純文學的書進不了榜，反而亂七八糟的書進榜，我想這只是一時的現象，不必太在意。」

力求服務熱忱，高階主管當店員

既然與出版界關係如此密切，金石堂是否也想跨足出版業呢？陳彬說，他們只想把專業書店的行銷做好，所以目前並沒有這個想法。「其實至今我們覺得自身做得還不夠好，無法讓所有的客人滿意，只有瞭解人的需求和想法之處，才能作更大的改進。」客人向店員查問某書時，店員通常遙指方向，請他自助。「雖然我們不是這麼教他們的，但有些新手卻往往以此方式對待客人。」當然，也有客人詢問的工作人員恰巧不是某類書的專職，因此不能解答客人的疑問。這些服務都是不夠令人滿意的。「明天（88.04.17）我們將有一個活動，就是全公司從副理以上一直到我，包括經理協理一共19人，到19家門市去當一天店員。否則我們一天到晚只坐在辦公室發號施令，卻不知民間疾苦。」去門市當一天店員，一方面瞭解問題以作改善，一方面可作示範，瞭解客人的要求，方知如何服務來滿足他們。客人找書時，如何帶客人去尋找；在收銀台包書時，也不是裝入袋中收款即完，還須進一步推薦相關訊息。這個動作一方面讓他感到親切，亦可順便推銷，一舉兩得。「主管前往門市，可以親身示範，也許是好的示範，也許是錯誤的，不過沒關係，可以再回來後再作檢討。」諸如此類服務的事項，我們一直覺得作得還不夠好。「我們提供良好的銷售環境，出版商提供好的出版品，不是很好嗎？這麼做可以服務很多出版商，大家都是朋友，如果我們也投入出版界，彼此不是成了競爭的對手了嗎？作朋友總比作對手好，是吧？」

網路書店與實體書店相輔相成

至今金石堂在台北有六家規模較大的書店，提供電腦查書、訂書的服務。如忠孝、汀州、信義、民生、城中與天母，現場有電腦可供查閱，現場沒有的書也可查出，請店員代為訂購。其他分店的做法，則是讀者提出書名或作者、出版社，再由店員代訂。金石堂現在推出網路書店，可以藉此查出16萬冊的書，藉網路下訂單。筆者繼續追問，對台灣而言，網路書店是否將是未來的發展趨勢？但是台灣書店密度極高，是否適合網路書店的發展？陳經理以為，這要看把「市場」定位在哪裡，如果只針對國內，一來由於書店密度太高，再者本地買書人習慣在現場親手觸摸書籍，再決定是否購買，此與歐美的郵購習慣不同。由於美國地大，有些鄉鎮根本沒有書店，只好郵購，而今有了網路書店就更便利了。「但反過來看，海外的華人市場就很值得開發！另外，台灣有些偏遠地區要買書，昔日得坐幾小時車程來回到大都市去，現在也可以利用網路。」網路人口增加，亦有利於推動網路購買，一般說法謂有300萬人上網（天下雜誌則表示只有210萬），當網路人口增至800或1,000萬人上網，網路書店就很有市場了。如果將來走向網路書店，對金石堂現有的書店生態是否造成影響？「當然會有的，但應作一區隔：網路書店可提供查詢服務；門市的優勢在於可見到書本內容，並可立即取得。網路購書可能要好幾天，也無法辦書展、打折，但確實有它方便之處，端看個人需要，彼此雖有影響，但應在一定範圍之內。」

連鎖書店不打折，魅力不減

連鎖書店以大型賣場、敞亮空間吸引顧客群，「書店陳設」因此成為重要的行銷手法之一，有人是需要書就急急前往購買，有人是準備好心情逛書店而前往的，如去誠品。這方面金石堂的定位又是如何？陳彬說，他聽過一個媒體名人告訴記者：「我是到誠品逛書店，但到金石堂買書。」一如金石堂開業之時，人們也說：「我到金石堂逛逛，但是到天龍書局買書。」可見過了這些年，情況已經有了明顯改變。接著，他解釋何以連鎖書店堅持「不打折，顧客仍會上門」的原則，他說，因為連鎖書店書種較齊全：「金石堂忠孝店約有10萬冊書種，誠品、敦煌約有5至6萬冊，它們在藝術類、建築方面的書較齊，我們則在電腦、管理方面較全。」彼此間仍有差異，但有些客人依其習慣與癖好選擇書店。他說就像買美好挺襯衫，有人喜歡去中興百貨，是因為喜歡它的氣氛與提袋，有人就近去附近的百貨公司，其實買的東西是一樣的，全以消費者個人喜好有所抉擇。「我認為打不打折不一定會影響業績，去年我們的盈餘是28、29億，今年則預計到35、36億。」

特色書店往往十分用心去促銷具有特色的書籍，金石堂也舉辦「特色書展」，比如今年4月舉辦的「台北書展」，展出有關「台北」的書籍，或者把一些成功的企業家書籍匯集重新加以排列組合，顯出主題，「我認為，如把有關企管的書籍按出版社排列上架，就是讓它自生自滅，但是如果把張忠謀、嚴凱泰、徐旭東、施振榮、比爾·蓋茲的著作整理成一個專櫃，就可以吸引讀者的注意。」前一陣子衛視中文台播放《雍正王朝》，我們就把相關的歷史小說作成專櫃，也是一種促銷的手法。書店經營今昔最大的不同，就是業者會主動向讀者推銷，如以POP的方式介紹某書並打折，這個折扣有時是出版社提供，有時是我們提供。在去年北、高兩市市長選舉前，金石堂曾作過一個促銷活動，請馬、陳、王、吳、謝五位候選人，各列十本影響他們最深，個人最喜歡、最值得向讀者推薦的書。選舉期間，又請候選人到店中來介紹這50本書，並舉辦一場座談會，請三黨民代及有三黨傾向的評論家來介紹這些書，「此舉讓很多報紙、雜誌及電視媒體大力報導，這就是與時勢相關的行銷方式。」這個活動期長達兩個月，直到選舉結束，他認為這是一個很成功的行銷企劃。

天下沒有白吃的午餐

聽陳副總洋洋灑灑講了如此專業又豐富的內容，我問金石堂是否有意出版一本關於「書店經營」的書？他笑道：「沒有，這種書除了經營書店者有興趣之外，一般人是不會有興趣的。況且業者也不一定會把自己的商業機密盡情寫出。也許學校裡該設書店經營的課程。」目前大學中沒有零售學、行銷學的科系，只有市場學，更無書店經營的課程，現在嘉義的南華大學設有出版研究所，但不是以研究書店經營為主。「零售學是可以作深入研究的，但可能有些瑣碎。書店經營在經濟不景氣中尚能有不錯的表現，是因為投入費用不需太高，不像石化業、電子業所需資金龐大。」去年金石堂全部庫存也有9億之多，此數與台積電動輒1、2千億自不能比，但與便利商店或雜貨店相比，9億就可以開很多店了。「開書店可以賺錢，但利潤很低，稍有閃失，利潤立即不見，我常比喻我們像拿著起子到處在上螺絲，一下子沒注意、不在乎，可能血本無歸。」書店業不像半導體業或電子業的利潤可到50%、100%到200%、300%，書店像一般的百貨公司，零售高，利潤只達3%~5%。「7-11每年可賺幾十億那是因為它的分店多，每年幾百億的營業額，SOGO一個月也能賺一億多。」所有行業皆需非常小心的投資與經營，天下畢竟沒有白吃的午餐。

何嘉仁

新世代家庭終身學習的好夥伴

馬本華

「Fly!」金髮的美語老師說，「A bird can fly high!」小男孩接著造了個句。這是你對「何嘉仁」這個品牌最深刻的廣告印象嗎？當看到你家街角出現的綠色大招牌寫著「何嘉仁書店」時，你的心裡想到的又是什麼呢？

「何嘉仁書店」，源於民國69年在台北民生社區設立的「漢聲語文補習班」，其後更名為「何嘉仁美語」，漸漸成為今天多元的「何嘉仁文教機構」。民國79年成立的「何嘉仁書店」是這個團隊中重要的角色之一，期間曾經面臨定位的衝擊，但經過一連串的修正與轉型後，逐漸展現獨有的風格與定位——「全家人的大書房」，而全省家數也在近幾年中陸續穩定成長。

企業發展沿革

走進何嘉仁文教機構位於台北縣中和市的總部，迎面而來的是素淨而典雅的大廳，就如同書店一般明快的空間風格，揭明了「何嘉仁文教機構」所特有年輕進取的教育氣息。至今「何嘉仁文教機構」旗下包括奠定品牌基礎的「何嘉仁美語」，以及「何嘉仁幼兒學校」、「何嘉仁安親學校」、「何嘉仁美日語——成人班」、「何嘉仁文理學校」、「何嘉仁電腦學校」、「何嘉仁出版社」、「何嘉仁電腦廣場」、以及本文焦點「何嘉仁書店」，另外便是去年甫成立的「何嘉仁文教基金會」，至今已具備完整的體系結構；其中，全省現今共9家「何嘉仁電腦廣場」與總數21家的「何嘉仁書店」，共同隸屬於「文化事業體系」。

何嘉仁文教機構企劃部趙副理介紹書店創建的歷史：「其實何嘉仁文教機構董事長朱嘉宗本身就是一個愛書人，他除了喜歡人群在書店裡看書的氛圍外，也在他從事多年的教育工作之後，領略到書店何嘗不是另一個學習最佳的處所。於是便成立了「何嘉仁書店」，其後更結合內部教育體系資源，形塑另一種書店風格，當然也增加了體系間的整合行銷之效。」文化事業部的翁豐榮經理談及何嘉仁書店的發展過程：「當年成立之初，的確在與消費者溝通上存有『書店』與『美語補習班』印象模糊與重疊之困擾」。其實「何嘉仁書店」一開始便是以「大眾綜合書店」的方式經營，並同時成立物流出貨中心，當時因為家數不多，並且沿用與「何嘉仁美語」同樣的視覺識別系統（CIS），消費者可能一時還以為是專售「何嘉仁美語」教材講義的書店。瞭解問題後，「何嘉仁書店」花了相當高的代價，重新做了整套視覺識別系統（CIS）的規劃；其中最重要的即是與其他體系明顯區隔，以綠底白字的LOGO、印刷品與招牌，和嶄新的「家庭式閱讀空間」設計，企圖重新建立新意識。這一招果然有用，迅速在消費者心目中建立起有別於金石堂或誠品等大型書店的獨特風味：「我們拓店動作十分積極，部分店面並與『電腦廣場』結合成為複合店。」翁經理指出，何嘉仁書店希望提供消費者第一線的資訊和服務，目前開店政策仍以與何嘉仁其他事業部共同開發為主，並進行整合行銷開發計畫，在未來中期計畫中，希望能將目前主要分佈於台灣北中部的書店逐漸擴展到全省各地，以達分佈均衡之發展目標。

何嘉仁的「強力特色」

定位看似夾在金石堂與誠品之間的何嘉仁書店，到底以什麼為自己的「強力特色」呢？我想你從本文的標題，也是何嘉仁的新標語：「新世代家庭終身學習的好夥伴」便可略知一二了！

翁經理談到在何嘉仁書店成立過程中，全體從業同

仁如何戮力經營，一步步摸索出許多經營管理的KNOW-HOW：「我們想做的方向，就是加強結合與其他事業體共同發展的可能；我們最希望的理想狀況，是複合式的綜合行銷開發計畫。如何嘉仁書店及何嘉仁中壢店的B1到三樓是書店，四、五樓是幼兒學校，六至十樓則是兒童美語、電腦、文理、及成人美日語班等等，書店就像一間『圖書室』，學生和爸爸媽媽甚至全家人都把這個設計溫馨的空間當作自己家裡的書房。」趙副理補充說明：「何嘉仁是由教育工作者所創辦，所以何嘉仁不但希望大家愛看書，更希望從幼兒教育開始，培養身心健康，全人發展的下一代，進而倡導社會大衆終身學習的觀念。而何嘉仁多元的文教體系，正可以滿足所有新世代家庭從小到大的學習需求。」所以何嘉仁文教機構最新的標語「新世代家庭終身學習的好夥伴」，便揭明了最終目標與全體事業集團的自我期許。

書店管理人才非一朝一夕可養成

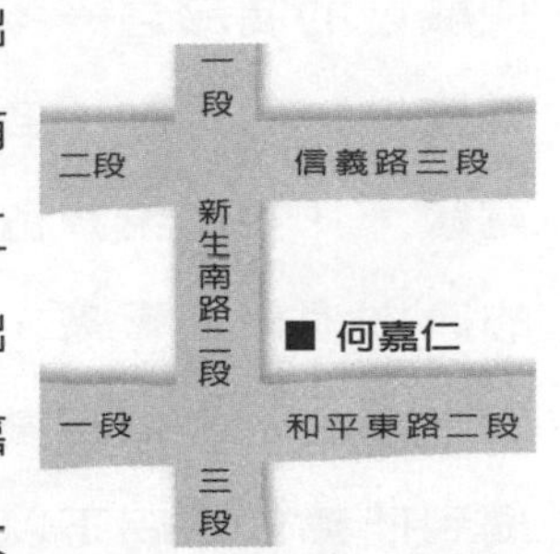

由於各個書店經營者的背景出身不同，所以在市場上自然而然有了區隔，也許我們可以說由教育工作者創立的何嘉仁文教機構，其出發點其來有自；大概這就是「何嘉仁書店」和其他大型連鎖書店最大的不同點與特色之處吧！「當然書店也是一環重要的服務業，所以我們非常重視我們的員工訓練，我們重視書店的客戶服務，也很希望我們的門市服務人員和顧客作朋友；當客人來到書店時，我們能夠提供顧客分享我們閱讀的喜悅。」翁經理強調：「當然目前的狀況與我們的期望仍有差距，但這是我們專注的焦點，我也一直這麼鼓勵員工。」大家都知道書店的人才培育是長時間養成的，非一朝一夕可成，總要在開始時多花一些時間與心思。另外，為了持續保有書店的「質」，到目前為止，所有的分店都是直營店。

在書種配置方面，除一般文學、非文學暢銷書種外，何嘉仁也陳列外文書籍，內容包含英文通俗小說與電影小說原著等，以饗台灣英文小說讀者；而語文學習書與教材等何嘉仁自身的出版品，當然是他們最為重視與驕傲的商品之一；從空間規劃的角度來看，由於承載著經營者的期許，各店的兒童書區一直設計得相當完整寬敞，「我們希望爸爸媽媽可以陪小孩子一起坐在我們的原木地板上看書。」在翁經理描述同時，好像也勾勒出一幅全家幸福和樂的安詳畫面。除此之外，翁經理也提到何嘉仁書店不以價格戰為主要促銷方式：「我們以自行開發的贈品回饋消費者。」這些贈品從筆記本、名片盒、針織書籤……等，不但讀者可以收藏，其內部員工也都以這些贈品為何嘉仁共通使用品，加強了對公司文化的瞭解與向心力；在消費期間使用這樣的手法，無非是一種高明的行銷策略，同時更加深了消費者在何嘉仁感受到的親切與認同感。此外，何嘉仁也根據自己的銷售紀錄作每個月的排行榜，與政府或媒體發展合作而公開發表；每個月何嘉仁所選的「書籤書」，除了附上雅緻的專屬書籤外，主要著眼於為讀者選擇好書，以免除愛書人找尋好書耗時之苦。何嘉仁書店也同時與許多慈善公益活動結合，例如在民國87年7月與12月分別推出「防範性侵害活動」與「癌症關懷月」，在讀書之餘不忘關心社會，實實在在提醒讀者珍視生命的重要，完成了社會教育的功能。

88年的6月，何嘉仁書店甫通過國家經濟部商業司為促進台灣各店家之競爭力而舉辦的第三屆GSP（Good Store Practice）優良商店評選，成為首度通過該項認證的書店業者，翁經理強調：「我們多年來的努力，得到一個令人欣喜的回報,並期望藉由優良商店的認證通過，強化內部管理體質，進一步提昇服務品質。」在恭賀他們的同時，我們也同時期望台灣所有的愛書人得好好的加把勁了！我們能享有如今這樣的書店，台灣的讀書人應該要越來越自豪，更不要辜負住在如此一片書店樂土間的自己！你是否真的開始發現自己「三日不讀書，面目可憎」了呢？快！還不現在就去你家街角的那家書店，尋找屬於你自己的書吧！

誠品

在書與非書之間閱讀

馬本華
韓維君

誠品書店常說自己「不只是一家書店」，香港人喜歡說誠品是「文化商店」；更貼切的說，它應該是「文化萬象博覽空間」。你所知道、看到、聽到的誠品也許很多，所以今天我想用一種不太一樣的方式去和你一起檢視誠品。

台北的新地標

在五年前也許你覺得走進誠品的閱讀者就是那些自認為台北中產階級或創意工作者的雅痞族；但是如今誠品屏東店，走進了種檳榔的阿伯買《在台北生存的一百個理由》，誠品三重店，開始有工廠的黑手先生帶著全家大小去逛書店；當你和朋友相約時，大喊「誠品門口前見！」，它好像又變成一個台北的新地標；當誠品開始變成你帶外國友人參觀台灣的觀光重要據點之一時，我相信你一定也感覺到誠品不一樣了！

的確，從在台北仁愛路圓環做起的一家小小美術與建築主題書店，到如今全省擁有21家分店（至88年5

月），更計畫每年將以「一年六家」的速度擴展至全省甚至國外；也就是說，雖然你不能期待誠品在南投深山裡開一家書店，但是你至少可以期待你住的那個小市區中有一到兩家誠品書店！

誠品由台北敦南總店起家，但它的視野放眼全世界，以打開國際市場為規劃原則，未來近幾年更有在鄰近的香港與新加坡等「華人閱讀圈」開設分店的計畫。成立於民國78年，經過十年戮力經營，培養出「誠品」品牌這個無形資產，更打開相關零售事業部（旗下包括餐飲、家具、瓷器、皮件等）和商場事業部的銷售市場通路。誠品書店與誠品商場事業部、零售事業部一同發展，讓誠品成為一個「複合性書店」，結合各類豐富的企劃性活動，讀者全家大小的確可以在這裡耗掉大半個週末！

台灣書店發展的三個時期

誠品書店企劃李玉華娓娓道來她歸納的近代台灣書店史：「我想大概可以分為三個主要時期來談。在最早光復時期後，台灣的閱讀人除了到重慶南路書街去買新書之外，牯嶺街的舊書攤也讓作研究者或學生族圈成為他們生活的一部分，這樣延續了很長一段時間。在幾十年前，金石堂的出現，開始讓讀者發現有這麼樣一個書店看多久都不會擔心被老闆趕出去，裡面空間窗明几淨，走道也不再有汗臭與摩肩接踵的狀況；隨著出版也開始日益蓬勃，讀者群更擴大為所有普羅大衆，而非以前僅限的學生、文字工作者和研究學者等等；這樣給整個重慶南路的書店商圈很大的衝擊，紛紛也改裝重整自己的店面、型態甚至書種。到了第三個時期，誠品書店在初期開了一家小小的美術與建築書店，很精緻的，雖然非廣為認知，但因其逐漸發展成連鎖大型綜合書店，近幾年來，台灣讀者更進一步有了國際上的認知與見識，誠品無論在軟硬體安排、空間設計與服務品質上都帶給大家更要求品質生活的一種開始」。

誠品販賣的不只是書，還有生活的風格

第一次走進誠品，任誰都可以感受到一種空間與服務品質的精緻感，且讓筆者套用旅法攝影師郭英聲先生的那句老話：「走進誠品，讓我感覺和在法國的生活文

化落差沒有那麼大。」誠品天母店的建築設計師陳瑞憲說：「誠品販賣的不只是書，而且還在賣一種生活風格。」雖然如今台灣人出國的多了，也看夠了各地的書店；也許你還看了《電子情書》（*You've Got Mail*）這部電影，覺得「原來國外書店都那麼做，其實誠品也還沒虛華得過分。」你才會瞭解到誠品總經理吳清友說的「我們的理髮廳可以這麼富麗堂皇，書店做個好的書架、好的地板，讓幾十萬本書住在那裡，有什麼過分？」這句話的原因在哪。李玉華認為，「對於外界質疑誠品的設計故意擺出一副貴族姿態，我們已經解釋了千百回；現在大家都看到台灣在物質生活及空間設計上的觀念更新與實質進步，因此，我們已經不願為此再去多解釋什麼。」同時你也不能否認，每當你進入誠品前，會瞧瞧自己是否衣冠不整，甚或在行進間嘎滋作響，影響了這樣優雅的氛圍，也打擾了其他愛書人；你說，這不是學校生活倫理教育的延續嗎？

說到品質，是誠品給人的第一印象；剛剛提過，當然正反面的評語都有。家家誠品在書種選擇上各有特色，家家重服務與設計品質，或有體貼的咖啡吧和座位，貼心的飲水機、明亮乾淨的公用廁所和無障礙空間的人性尺度空間規劃；當然對美術設計界而言，誠品的平面文宣、書籍擺設與櫥窗，更是雅俗共賞、大家爭相收藏的精典傑作。誠品的「風格」不僅提攜了藝術設計工作者的進步及發展；更重要的是，這樣的品質要求它加速了全台灣一個「注重品質」的教育。你覺得誠品很少打折嗎？李玉華說：「書的價錢非常低，當然利潤也非常低；除非你是一個學生或常買書的人，我想打個九折八折，便宜個20塊或30塊，並不能減低書裡帶給你的無窮價值。」所以，誠品書店的圖書禮券促銷文案如是說：「1,000元買不到一副眼鏡，卻能買到比爾蓋茲的眼光。1,000元看不到幾次心理醫師，卻能買到一輩子受用的智慧。1,000元請不到一位趨勢專家，卻可以買到爆米花報告的未來商機。」但近年來常逛誠品書店的朋友也知道，誠品也開始打折了！原因無他，無非是多開店，成立物流中心，因而成本也跟著降低了。

來自台南，由業務出身，一手打造誠品夢想的創辦人吳清友先生，經歷過生命中最大的生死之劫「開心手術」之後，有了開書店的想法，剛開始吳先生沒有要把書店當作一個生意，也沒有想到企業化經營。但一路行來，這個造就十年的誠品讓他贏得了光輝，也使他面對理想與現實之間的兩難。誠品的股票已經公開，陸續將有上櫃與上市的計畫，誠品其他事業部門一直都是盈收，至於誠品書店本身於87年9月終於開始轉盈為虧，誠品整個集團則是要面對接下來大變動的積極開店、企業化經營與跨出台灣的挑戰。

獨特的「誠品人」，驚人的活動力

誠品在用人選擇上也有他們自己一貫的風格，誠品敦南總店經理羅玫玲扼要簡明的強調三個她個人認為最理想的誠品人的特質，分別是「誠懇、負責和本質」。關於這點，李玉華也指出：「你可以看到我們的工作人員每一個都有自己的獨特個性，卻不光鮮亮眼：他們穿著深藍色的背心，於走道與讀者之間穿梭工作，他們或許是愛種花種樹，或許是一天到晚想要去流浪的人。」誠品除了考量該新人的背景，首先必須對書店業有所接觸，在某特定書種上具備專業認知的人，能為讀者提供專業的諮詢服務外，最重要的還是在回歸「人心」的本質上。或許你曾覺得：「誠品的門市好像看起來都很酷！然後書都擺得好漂亮！」那也許就是源自於此。記住！他們是有個性的一群，可不是一群故意無禮傲慢的「誠品人」喔！

第一家「二十四小時大型連鎖書店」

雖然這也落人口舌，「書店本來就應該回歸到書本身上。」誠品讓部分讀者最感欣喜的，莫過於年度所舉辦的大大小小與書店商場結合的演講、演唱會、新書發表會、研討會，到出了名的「誠品講堂」，以及與台北市政府等單位在敦南總店、安和路上合辦多次的各項動態、靜態活動，無怪乎誠品老說自己「不只是一家書店」了！誠品的企劃能力驚人而多產，讓許多同業都為之詫異。我們舉一個在84年，誠品敦南店搬遷到今日的新址時的例子，它早在搬遷兩個月前就策劃好了一連串的活動，讓客人一起來參與；其中，就在「看不見的書店」公開徵稿活動中，獲得高達2,546件的回稿量！此外「今夜不打烊」的全面八折通宵書店，創下了台灣書店銷售的歷史新高紀錄，單日單店銷售額高達300萬台幣。無以數計的讀者，只得乖乖排隊，等著控制人潮流量的店員對著人群高喊：「出來五個，再放五個進去。」筆者在當時也親眼目睹了全家大小在店內瘋狂挑選一堆書，到收銀台結帳時，爸爸大喊：「只是八折！又不是不要錢！」的盛況。話回到當年這「通宵書店」的示範，在許多讀者的殷殷期盼下，誠品總經理吳清友先生於88年春天，誠品十週年慶記者會上興奮地宣佈，誠品敦南總店決定開始成為台北的第一家「二十四小時大型連鎖書店」，首先試賣三個月，台北市民也開始享有與國際大都會一般水準的書店，讓夜貓族、早起族或喜歡清靜的獨行俠族有了閱讀上的新享受，這可是誠品的重要企劃與經營的里程碑。

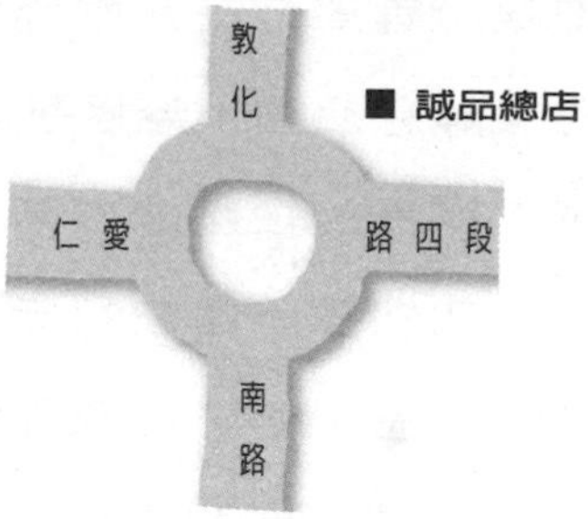

若不在誠品，就在往誠品的路上

回到書的身上，沿襲其成立初衷的專業美術書店有專業的諮詢服務，誠品書店在各個領域都有專屬的門市人員提供讀者相關諮詢；總店還有擴展台灣讀者較少觸及的同志文學、兩性研究、歐美漫畫、亞洲與本土研究、世界期刊、資訊多媒體書籍專區……等領域，並依著該書店所在區域，決定所展售的書種類型。書店經理廖美立提到「誠品的讀者都不希望坪數小於100到50坪以下，否則就會覺得書的種類太少。」就經營規模而論，誠品的未來將朝向綜合及大型化的方向發展。雖然書店總面積可能超過200坪（例如台北敦南總店、台北站前店、台北西門店與台中中友店），但在專業領域又如同一間小型專業書店，有著《電子情書》中「街角書店」（"Just Around the Corner"）的親切，最重要的是，不失其專業度。

誠品書店在台灣的書店業創下許多驚人與破天荒的紀錄，有人認為它最成功的行銷手法，是在於把「商品」包裝成「文化」販賣。無論如何，誠品謙卑的說自己只是跨出了一小步而已；吳清友先生打趣的說：「套句名旅法攝影師張耀於《咖啡地圖》一書所說：『我不在家裡，就在誠品；不在誠品，就在往誠品的路上！』，但我的女兒總是說：『爸爸！那只有你！』可是，那還是我的一個夢想期許而已。」往後，誠品還有更大的夢想要在書香、咖啡香、原木香與古典音樂中一起漸漸成長與前行。

特色書店

- 台灣ㄟ店　專注與凝聚的傳承
- 自然野趣　以理想和熱情填補與現實的差距
- 中國音樂書房　音樂寶山
- 頂尖音樂專門店　音樂烏托邦
- 亞典　不求曲高和寡，專業領導開發
- 書林　打造學習的希望工程
- 唐山　堅持另類品味，在叢林中開疆闢土
- 北美館藝術書店　由人所創作，終將回歸人群
- 理工書房　以難以忽視的姿態存在
- 建築書店開發史　由看熱鬧到比門道
- 舊書攤　讓書不再是書，也不只是書的地方
- 網路書店　虛擬實像，網際飄書香
- 法雅　揭開台灣「新消費主義時代」

台灣ㄟ店

專注與凝聚的傳承

韓維君

經營理念

「台灣ㄟ店」老闆吳成三，1970年代在美國哥倫比亞大學唸人工智慧研究，曾在成大、師大任教過。因為所讀科系相當熱門，當時回國很容易找到工作，後來又進了工研院做相關研究。他認為很多學理工的人，到國外去不像學人文的會有思想受限的困擾，因為學人文的在國內或多或少都受到國民黨的影響，到國外要花很長的時間做切割；學理工的，到國外一看就說：「為何人家那樣我這樣？」這種心情讓他在國外只花一半時間作研究，另一半時間都放在關心台灣政治發展上。他說，這就是現在許多民進黨高階幹部都是學理工出身的緣故。他在美國一邊讀書，一面看圖書館中關於台灣的藏書與報導——一半時間拿來作研究，一半時間用來關心反對運動。當時的海外留學生不能忍受台灣政府的獨裁與專制。他說，身在台灣時，雖然感受到一股禁錮的力量，但是到國外看到真實的數據，明顯的差異擺在眼前，那種衝擊真是大。

To be or not to be…

比如他大學時的台北市長選舉，一到開票就全市停電——「這是很可惡的行為，但是到了國外我才深切感受到那種離譜。」所以，許多人在國外唸書作研究時都不能專心，因為台灣的政治情況太壞了。他在媒體上看到，美國的反越戰運動引起嚴重的社會問題，導致十位美國最有名的大學校長一起去見尼克森總統，向他表示，如果越戰一直打下去，所有大學生和教授都去參加示威遊行而不上課了，這種行為將會使得美國國力落後，未來美國一定會輸給不曾參加越戰的西歐，尼克森顯然接受了這個建議。吳成三回到台灣後，深切體會到反對運動對他的影響：每當參加之後，激動的情緒讓他唸書作研究都不能再度專注了。後來他就決定停掉這種「半調子」式的研究。他說，像李應元、呂秀蓮等人就乾脆放棄學業專心從事政治運動。留學生中很多這樣的例子。

書店性格

在1970年代美國反越戰的潮流中，一般書店都有販售反越戰的書籍，很容易買到。解嚴之後，各式各樣的街頭運動興起，每次運動的隊伍中都有一個流動書攤，販售項目很單純，只賣一些黨外的雜誌和台語的書，很多朋友在這時就一窩蜂地圍在書攤旁買書。當他看到大家在流動書攤旁期待看到任何一本新書，好像一本新書就代表一個新的希望。他認為這是台灣文化被嚴重扭曲之後產生的奇特現象。當時很多書店不敢陳列這些書，也許認為它們不好銷售便不願意進書。所以很多作者完成作品之後便自己囤積起來，也許留給小書攤或藉著親友流傳。那時他很關心一般人或媒體上都有的疑問：「台灣有什麼文化？」最常得到的回答是：「台灣的文化就是中國的文化。」他說，要反駁這種論點的最直接作法，就是開一個以「本土文化」為特色的書店，「只要一進到我的書店，就能瞭解台灣有這麼多本土文化出版品，這就已經達成我一半的願望。至於店務本身能不能經營成功？我自己有很大的信心。」他認為這個方向一定有它的市場在，「如果經營不下去，應該不是市場的問題，而是我本身的問題。如果虧本我想也不會虧得太離譜。我直覺感受到大衆對本土文化的需求，這是沒有任何理論根據的。」

文化傳承的理想

台灣ㄟ店自1993年開始經營，吳成三在參加很多次反對運動之後，觀察這種現象，考慮了很久，他想，假如這個社會愈來愈多元，社會運動將會慢慢減少，有興趣瞭解這個主題的朋友應該從哪個管道去瞭解？他如何知道這幾十年來台灣的反對文化發展歷史？他要去哪裡蒐集這些資料？就他所知，一般書店並沒有提供這種方便。他去看過誠品、金石堂、東方書局，針對這個領域的藏書確實很少，更不要說這些書對台灣歷史可能發生的影響力了。這個現象引起他的興趣，「秉持著一種文化傳承的理想，讓它成為一個主題性的書店。」就是開這家書店的原因。

開一家本土書店在起初碰到許多大問題，吳成三說，自己雖然被社會認定為高級知識分子，但是在長期教育影響之下，卻找不到志同道合的人一起來創業。

「台灣缺乏一些為了自己的理想而去奮鬥的人，大家很會發表自己的高論，真的要著手去做的時候，過去的教育經驗會告訴他：應該去找一個比較容易入手和獲利的行業，即使跟自己的理想差很遠，但是我只要天天去那邊混就可以賺到錢了。」為了求生什麼都可以做，這是台灣特有的現象。反觀日本，許多人會為了一個很小的東西努力不懈，就是為此一生都投入也很快樂，台灣這樣的例子很少。在開店之後，他馬上瞭解這種狀況。

失落的一代

書店經營需要許多不同領域的專才，本來他的姪兒是最得力的幫手，「加上我太太、姪兒的朋友，我想這樣應該就足夠了。」但是他的姪兒不幸在四年前的一天清晨被砂石車撞上，就此與世長辭。「他畢業於師大工藝所，後來去新竹五峰鄉的中學教書，對原住民文化很有興趣。他一手打理店裏的美工設計與電腦系統建構，本來還預備製作台灣的光碟以及弱勢族群——比如原住民的光碟，這些計畫都寄望他的長才，結果發生了這樣的不幸。」「找一個跟他一樣的人才非常困難，我每天跟他在一起，許多觀念可以溝通，我鼓勵他跟我一起為理想打拼。」吳成三舉一個例子，有一個台灣農化系畢業的學生，對經營台灣ㄟ店這樣型態的店很有興趣，他的媽媽也支持他來這邊打工。吳成三當時在高雄開分店，就讓那學生接手，他的女朋友也答應一起去，機票都買好了，但到最後關頭他的父親強烈反對，後來就沒有成功。吳成三認為，這個例子說明了長期以來在台灣生長的人沒有「自主」的權利與機會，每一代的人都在應付最基本的「生存」問題：日本統治時期要台灣人成為日本人；國民政府一來，台灣人又得學新的東西。老是在這樣的變動之下，大家一直缺乏在變動中堅持自己理想、為理想犧牲的英雄人物，沒有這種人成為後代學習的精神標竿，年輕人便沒有可以模仿與學習的對象。

台灣社會漸趨多元，八〇年代反對運動興盛，有關本土理論的書籍受到普遍的重視。到了九〇年代，這股熱潮有了漸漸退燒的趨勢，但卻看到有關台灣生態攝影或歷史研究的書籍已經起而代之，這樣的轉變顯示出台灣社會一向所具有的「耐力不足」的通病，這也是過去歷史造成的結果。外界對於任何需要投注時間精力的工作，總是無法提供足夠的助力。吳成三說書店從未接觸過財團，許多來店關心的也是「中小企業」而非大型財團，「我想也許大財團覺得關心我們會造成危險，可能會被有關單位特別注意，甚至在查稅上造成困難。」這種危險如開店之初，曾請史明先生來店演講，警察一天就來了三次。所以，雖然有很多老字號的書店或大型書店想從事這個主題的經營，看到這種情形最後也都放棄了。「我不怕這個壓力才能把書店經營下去，因為我在國外參加過許多次抗爭活動，在許多運動中我們都是站在最前線的，所以很瞭解國民黨的性格，他壓你是想嚇你，不敢真正打你，只是擺一個樣子，因為他怕引起反彈。他希望你給點兒時間讓他慢慢改變。」近幾年來本土研究似乎有著逐漸成為顯學的趨勢，但也只是在偏遠的學校才設有專門的科系，主要幾個學院都沒設。他說，當他們年輕時根本沒機會接觸本土文化，卻可以理所當然地支持它，現在的年輕人有這麼多機會接觸，將來想除去他「追求自我」的機會就不容易了——「但是，這樣的精神我不知道何時他們才會表現出來。」

多元文化現象的興起

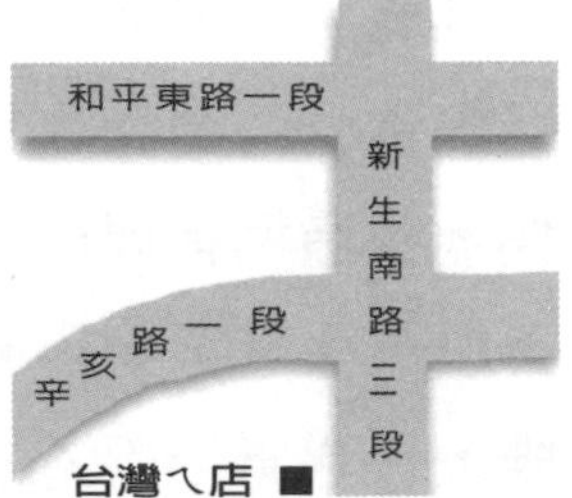

大家現在已經認為多元的現象是合理的，一致要求應該有具有本土特色的文化現象。「台灣ㄟ店」的存在已經讓附近的書店生態起了變化：「誠品在開店之前曾經來我們店裏參觀，本來以『中國文化』為主要販售項目的南天書局，在參觀台灣的店之後在經營方向有了很大的改變；連金石堂都開始陳列本土研究的書籍。」吳成三認為，這個影響會慢慢擴大，全因時勢所趨：「我們不認為這個收穫應該由我們收割，但是也樂觀其成，畢竟這是比較健康的走向。我們相當樂於成為一個讓大家來找資料的地方，也許這個原型並不是自我們而起，但我們也為本土文化的傳播建立了一個典型，我們很樂於扮演一個增強大家信心的場所。」

不過，連鎖書店大量進書的舉動，讓小型書店在經營上變得困難。「我們沒有鉅額的資本，無法跟他們相較。不過我們一開始就採取跟別家書店不一樣的經營模式：在店中放置座椅，歡迎讀者把這裡當家中的書房，盡情尋找資料。也因為這樣，導致在經營上比較困難，有許多學生一考試就來這邊找資料，有些學生不買書，在這裡寫他的報告。「我們這種方式也引來很多小偷，因為我們不希望用鏡子監視讀者。」這種現象反應出社會病太重了，有時一個禮拜損失高達幾萬元。不過他聽說開放式書店都有這個問題，本來就要準備5%左右的損失，黎明書局的老闆娘有次抓到個小偷，袋子中竟有四十幾本書。

打造屬於台灣的圖像

「目前我們一直想辦法克服經營上的問題，比如製作具有本土精神象徵的T恤，不斷參加書展以打響知名度等等。」吳成三說，開店之後有一個很深的感觸，他覺得台灣弱勢族群的知識分子最可愛：「他們最率真，真心喜歡這個店，非常滿足而且無所求。」「而我們的『教師』是最落後的一群，如果來買書一定要折扣，因為他已經被寵壞了，商家習慣巴結他們，他們習慣要特別待遇。他說我是老師，我會介紹別人來買書，你要給我特別的折扣，在整個商業行為上他們不乾淨。」因此，台灣ㄟ店的經營模式很難打進校園中，因為他們不願意以走後門的方式做成生意，他覺得學校採購圖書的行為很會作假。這個現象，也透露出新型書店必須背負傳統社會文化所帶來的沉重包袱——「這對傳統書店沒影響，但我們就做不到生意，因為你不給老師折扣，他就覺得你們這家店很苛；相對來說，原住民顧客一來店裡，遇到喜歡的書就付錢走人，絶對不囉唆。」現在他們正在發展一個「台灣圖像」部門，希望大家在家中掛一些象徵台灣的圖像，對自己生長的土地產生認同。

「台灣ㄟ店」具體呈現了經營者的理念，吳成三說，他的妻子是這家店最大的支持力量，他們在書店的經營管理上非常人性化，儘量從讀者的角度來完成所有可能的需求。他說，未來希望能有一位得力的助手來接棒經營，他便可以專心研究書店的發展方向，這是他最大的心願。

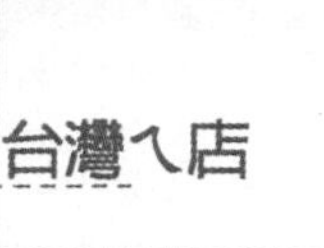
台灣ㄟ店

自然野趣

以理想和熱情填補與現實的差距

董曉梅

實踐自己的夢想

任何書店在最最開始的時候，往往只是想實踐店老闆自己的夢想。也許只是一個簡單的念頭，只是老闆覺得自己有一些好東西，想要和更多人分享，讓更多人進到自己建構的世界裡，能隨意的擷取知識與夢想。也許是回答過太多次同樣的問題，當筆者我再次問起有關「書店老闆」這個職業的時候，吳大哥拿了一堆以前曾報導過他的文章給我，說：「你看還缺些什麼，再問我吧！」。仔細的讀了這些「參考文獻」後，對這個老闆有了一些基本的認識，加上自己對他的一點瞭解，嗯！他真的就是這麼一個會開這麼一家店的人。

利用每天上午不開店的閒暇時候，肩膀上背著腳架、脖子上掛著望遠鏡、口袋塞一本圖鑑，跑遍台北近郊作野外調查的吳大哥，自小就對大自然有一種熱切的喜愛，常常自己一個人或是和好友三五成群在學校裡、田邊、林間，以及公車可以到達的任何地方，探索著台灣這塊土地上生命的多樣與美麗。但可惜的是，早年台灣有關自然的資訊缺乏，別說是課本上的相關知識很少，就連圖書館裡都很難找到台灣本土的自然書籍。經歷了升學考試的壓力，繁忙的功課並沒有減損吳大哥對於大自然的喜愛，反而成為他一個可以休息、可以放鬆的出口，是休閒生活中最重要的一部分。

就讀光武工專的時候，在一個偶然的機會裡，他參加了鳥會的活動。在鳥會義務解說員的引導下，吳大哥對大自然的熱愛得到了釋放，從此以後成為關渡的常客，常常上課一整天，都不見人影。教官查起來，同學們還要幫忙掩護，因為大家都知道，這個怪怪的同學又上關渡「賞鳥」去了。在一次蹺課被教官抓包後，「鳥人」這個名號更是不脛而走，只不過當時沒多少人懂得「賞鳥」到底是什麼玩意。日後，吳大哥也成為鳥會的義務解說員，在每週日的活動中擔任領隊，和更多人分享台灣麗質天生的自然環境。當兵的時候，他竟然為了想看到與台灣本島不同的鳥類與生態環境，自願請調到金門去服役——吳大哥對自然的喜愛已經到了「一片癡心」的程度。

「我是當上老闆，才開始學作老闆的」

在與許多喜愛自然的朋友接觸的同時，吳大哥愈發覺得台灣自然資訊的貧瘠，喜愛大自然的朋友常常才剛剛燃起對自然的興趣，卻因為資訊取得不易而紛紛打了退堂鼓。「這樣不是太可惜了嗎？」吳大哥心中暗想，如果有一個地方，蒐集了許多與自然相關的書籍，或者是匯集了許多相關資訊，是不是可以和更多喜愛自然、或不小心誤闖這塊樂園的朋友們分享自然界的美好呢？

他從國外雜誌得知美國有所謂的「自然商店」（Nature Company），販售有關自然的書籍、藝品、衣飾配件，還有一些讓人愛不釋手的小玩意，藉著這種方式，將大自然帶到店裡來和顧客分享，也將顧客帶進大自然裡。很可惜的是，這種商店在亞洲只有兩家，而且都分佈在日本。「如果台灣也有一家這樣的店該有多好！」吳大哥的腦子裡不禁浮現這樣一個念頭。經過了兩年資訊與產品的收集，吳大哥在身邊所有親人、朋友的反對之下，於民國80年9月毅然的辭去了原本在「綠巨人食品公司」的穩定工作，以畢業之後工作所得的積蓄，在當時內政部旁的木造違章建築裡，開始了台灣第一家自然商店「自然野趣文化書屋」。一路走來，真可以說是從無到有。吳大哥打趣說：「我是當上老闆，才開始學作老闆的。」從釘書架、搬空心磚，到收集自然相關的書籍、音樂及飾品，都是吳大哥自己一手包辦。一開始，由於台灣本土的自然生態書籍並不多，因此店裡大部分是外國進口的原文書；另外，也因為吳大哥本身對鳥類特別鍾愛，再加上鳥類豐富美麗的外表與婉轉動人的鳴聲比較容易引起人們的興趣，所以店裡的書籍多以介紹鳥類為主。但近年來，台灣休閒風氣大開，出版界紛紛推出許多有關昆蟲、兩棲類、魚類、天文等相關的科普讀物，也有不少環境書寫及旅遊的書籍出版，因此「自然野趣」店裡的書籍與產品也就更加豐富多樣了。另外他還發現，其實政府單位（國家公園）或社團都有一些不錯的出版品，只可惜沒有管道可以推廣，使得一般的民衆與這些好書無緣。因此在自然野趣，也可以找到很多一般書店找不到的政府或民間社團出版品。當然店裡還有一些討人喜歡的小玩意，也許只是一個簡單的海豚印章，或是一只有點難度的藍鵲紙雕，每個進到店裡的人，都可以用自己的方式，享受「自然野趣」所帶給我們的自然野趣。

陳列在店裡的每一樣東西，可以說都是吳大哥親自挑選的。每一樣東西都符合「自然野趣」「分享自然」的經營理念，才得以在店内販售。吳大哥在開店之前花了兩年時間收集自然相關書籍與產品，就是為了確保店裡的每一樣東西，都可以讓進到店裡的朋友分享一些自然的野趣。另一方面，為了使店裡的商品更多樣化、更生活化、更貼近自然，吳大哥更是費盡苦心找尋外銷廠商，以彌補內銷商品不夠精緻的缺點。許多原本只做外銷產品的廠商，都是經過吳大哥多次的拜託才又將產品轉而內銷的。

以理想和熱情填補與現實的距離

在公館經歷了三次搬家，店裡的收入始終都只能維持勉強打平的情形，甚至很多時候店裡冷清到只有吳大哥一個人看店。不過抱著夢想的吳大哥卻樂觀的說：「只要能吃飯，就能維持下去。」，也許這就是「自然野趣」不同於一般書店的地方吧！有著這樣一個老闆——總是帶著笑容和你討論著上一次去關渡賞鳥的經過，或者熱切的和你談著國內外一些為保育工作者默默耕耘的故事。也許抱著理想與熱情的人，總是可以打動別人的心，因此店裡總是聚集著很多關心自然、喜愛自然的人，他們也一樣把好東西帶來「自然野趣」，與老闆分享也與其他來到這裡的客人們分享。像我總是可以以一則昨晚在Discovery頻道聽來的，有關南美蜂鳥的消息，和老闆換到一則鞍馬山210林道帝雉出沒的消息。生態畫家賴吉仁說的好：「來一趟『自然野趣』，買到的不只是商品，還可以得到一些訊息。」，雖然不像美國的「自然商店」在全球已經有一百多家的分店，「自然野趣」卻有這樣的魅力，可以聚集台灣每一位以自然生態為題材的創作者。

可惜的是，並不是每一個故事都會有美好的結局，最後公主和王子都會快樂的生活在一起。最近一陣子，「自然野趣」也被迫面對一些金錢的問題。不知是景氣不好的影響還是什麼的，店裡開始出現入不敷出的情況。仔細去探究原因，不難發現書籍與ＣＤ利潤本來就不高。加上小本經營的「自然野趣」每次進書的種類多而數量少，很難拿到好的折扣，無法以量制價。的確有很多人會到店裡來看書，但是因為「自然野趣」沒有辦法提供較好的購物折扣，所以大部分的人還是會到別的有折扣的書店去買書。對消費者而言，這也是理所當然的，沒有人會選擇買比較貴的東西。而一般書店買不到的政府與社團出版品，雖然利潤微薄，但本著分享好書的理念，店裡還是會繼續販賣；原本希望以其他的小飾品來補貼一些收入，但這些小東西也賣得不是很好。其實吳大哥本來就沒有開店賺錢的想法，只要可以吃飯也就夠了。所抱持的想法不過就是希望可以和大家一起分享自然，推廣一些關心自然、保護自然的概念。希望藉書店為媒介，僅以自己的經驗和知識，帶領更多人親近自然、瞭解自然，進而保育自然。不要說什麼行銷概念了，吳大哥真的是外行人，也從沒有想過。不過僅僅是如此還不能解釋現今的情況，那問題到底是出在那裡？這是值得探究的。連《時尚》雜誌都會介紹自然野趣，為什麼營運上不能有所改進呢？吳大哥說：「目前台灣的環境意識還不成熟，自然文化還沒有建立起來。」，《時尚》雜誌介紹自然野趣之後，來了很多的詢問電話，店在哪裡呢？怎麼去呢？反應是很不錯的。不禁問老闆，這樣的介紹會為店裡增加收入嗎？答案好像不是肯定的。吳大哥很直接的提到，臺灣的自然文化還沒有成熟，的確很多人會到店裡來，可是卻很少人會買東西。為什麼沒有購買東西呢？這包含了很多層面的問題。主要的原因是：不需要，沒有需要的東西怎麼會去買呢？所以說吳大哥才會提到台灣的自然文化還沒有成熟，店裡所出售的書籍、飾品雖然會吸引人們來看，但卻不會也不能引起購買的欲望。

對抗商業化社會的微弱呼聲

對於這樣的情況，吳大哥也想不出個對策。於是很多老闆的朋友（包括筆者在內）都向店老闆提出各式各樣的點子來增加店裡的收入，像是把半邊店改成咖啡廳、辦些收費的活動、講座等。不過，開咖啡廳是競爭不過連鎖店的大資本，收費活動又因為不符合老闆「公益」的原則而作罷。好幾次想把店關了，卻又不甘心。幾個月下來，也對吳大哥的家庭生活產生影響。最後終於做了把店暫時收了的決定。這個結果反應的現實是，目前台灣社會高度商業化的環境與高昂的店鋪租金，不斷壓縮著獨立經營的小書店的生存空間，使得不少書店產生經營上的困難。有的逐漸將經營重心轉至暢銷的通俗讀物，而將小衆的書籍排除在外，或是不得不縮減書店的規模甚至關門大吉。要如何避免「書籍成為純粹生財的工具，開書店只是為了賺錢」是一個值得思考的問題。

接觸過吳大哥的人一定可以感覺到，他只是不停的、像個傳教士一樣，傳佈著自己對環境的熱愛與憂心，有時候看起來很快樂，有的時候看起來又很無力。也許在台灣這樣的社會中，保育始終是一個很熱門的話題，但是真正可以落實的卻又太少了。以黑面琵鷺的保育來說吧，它可以說是目前台灣知名度最高的鳥類，大家都知道有一種鳥叫做黑面琵鷺，臉黑黑的，嘴扁扁的，數量很少，要好好保護。有許多人一窩蜂的湧到黑面琵鷺的棲地——七股去看鳥，可是在使用保麗龍餐具吃完海產打道回府之後，留在印象裡的黑面琵鷺，充其量不過是長得怪怪的白鷺鷥。生態旅遊對於這些遊客可以產生多少影響我們不知道，但是黑面琵鷺保護區的建立卻依然遙不可期。

對每個鳥人而言，鳥就是生命中的精靈，賞鳥打開了通往自然的一扇門，不僅可以看、可以聽，還可以讓我們走進自然，體驗自然界的豐富與神奇。對吳大哥而言，賞鳥的意義更不只認識了他親愛的妻子，開了這家書店，並且結識了許多志同道合的朋友。以吳大哥的個性，他不會對所做的一切決定後悔，而筆者也不想批判太多，只是覺得可惜，可惜這一家很有特色的店。

關心全球生態的人一定都知道「生物滅絕」的速度有多快，有許多生物甚至在人類發現它們之前，就已經滅絕了。我們將永遠都不可能知道他們生命形態的奇妙之處，當然，我們也永遠失去了瞭解他們的機會，舉例來說，我們也永遠失去了治癒AIDS的機會。在台灣，好的書店是否也在滅絕的隊伍之中？也許到時，台灣的人民也會失去一帖治癒社會百病的良藥。

後記：最近經過台大麥當勞後面那條巷子，雖然心裡知道自然野趣已不在了，遠遠的還是會找一找那個以翠鳥為圖案的招牌，難掩心中悵然若失的感覺。不過這裡要告訴大家一個好消息，自然野趣已經在八十八年九月重新與大家見面。吳大哥在朋友的鼓勵與支持之下，幾經考慮，決定重出江湖。新的自然野趣可說是吳大哥和朋友合作的成果，除了原來販售的一些與自然相關的書籍、產品之外，也提供生態旅遊的服務，對亞馬遜流域或南非大草原探險之旅有興趣的朋友，也可以在重新開張的自然野趣找到相關的行程。

　　喜歡自然的朋友這會兒可以轉移陣地，繼續享受自然野趣了。

中國音樂書房

音樂寶山

黃尚雄
韓維君

我們常說的聽、說、讀、寫，屬於語言學上的四種形態。音樂這門藝術，亦有所謂的聽、說、讀、寫：作曲家將形而上的靈感與感情化為樂章（寫），演奏者忘我的演奏出動人音符（說），愛樂者則陶陶然於曼妙樂音中（聽），然藉著樂譜、音樂鑑賞書籍等符號、文字或其他方式而將音樂記錄下，其目的或為訓練、或為導引大眾如何聆賞音樂，所以可歸類為「讀」。

想要登入音樂的殿堂，學問可是一籮筐，不多多涉獵相關資訊，提升自我閱讀音樂的能力，就算是世界多知名的作曲家、演奏者，對不好此道者來說都顯得言之無物、乏善可陳，於是，提供音樂人各種相關資料的地方就格外重要了。

經營古典音樂商品，往往被歸類為吃力不討好、掌聲多過實質報酬的行業，遑論經營的是一家「純粹」的音樂書店。位在台灣藝術重鎮中正文化中心旁的「中國音樂書房」，店主方素芬小姐，雖然不期待每個人給她掌聲，但只要有愛樂人的鼓勵，她相信自己還會一直秉持音樂家韋翰章贈予書店的字：「為樂教盡力，為樂人服務」的精神，繼續努力。

「中國音樂書房」本身就是古典音樂忠實的媒介，

經營者方小姐本身是愛樂的一員，店中大小事、佈置與進貨也都由她一手包辦，所以從上到下、由裡而外，你對書房的感覺只有二字可形容——古典。除了書房古典外，方小姐的個性也非常古典，正所謂「店如其人」。她不疾不徐地告訴我們書店的種種，即便是因為最近景氣不好，對書店的經營景況影響頗鉅這件事，也一樣輕聲細語，絲毫沒有一點生意人的氣息。書房內古典味之濃郁，可見一斑。

不入音樂寶山，怎得寶藏？

雖然書房販賣的商品離不開中西古典音樂的範疇，但是細究起來，書房所陳設的書籍、樂譜及資料等可真是包羅萬象。包括音樂家傳記、合唱用與樂器演奏用套譜或樂譜、樂理書籍，音樂相關教材，民族音樂、傳統音樂、宗教音樂研究，古典音樂欣賞、音樂文學，古典錄音帶、CD、演奏家海報等。另外，書房還提供代客謄譜、代售音樂會入場券等

服務。如果需要選購中文版的音樂書籍，對於再挑剔的消費者，書房大都能滿足他們的需求。

想必古典愛樂人在這樣的環境中，一定有受寵若驚的感覺。因為書房以經營古典音樂的相關書籍產品為營業項目，因此來到書房的朋友，多屬古典愛樂者。書房並沒有過多商業行銷手法的鋪陳，簡單的裝潢中，瀰漫著古典樂音，讓愛樂者恣意遨遊在音樂書籍的瀚海中。與你作伴的，還有音樂海報上的古典演奏家們。透過口耳相傳，音樂書房的老顧客都會介紹朋友來這兒選購。常常見到一家人一起光臨，父親買CD，母親買音樂雜誌，小朋友自己找老師指定的音樂教材，書房中總是洋溢著溫馨的氣氛。

對古典樂的狂熱激起無比動力

中國音樂書房就如同多數專業書店一般，因為創辦人在台灣苦於找不到想要的資料，才有「求人不如求己，自己辦一間」的想法。自政戰音樂系退休的劉海林教官，抱著這樣的想法，在民國65年於以前的中華商場覓得3坪大小的空間設立了書房。現在的老闆，也是以前的員工方小姐，於民國67年到職上班。隨著兩廳院的開張，書房遷至愛國東路。最後因為劉海林先生覺得自己年紀大了，想退休，方小姐就頂下這家書店。這期間方小姐經歷了門市、會計、編輯等工作，可以說將青春無怨無悔的付出給書房。

方小姐回憶說，自己哪裡會想到有一天當上老闆。決定頂下書店的時間非常倉促，尤其頂讓的資金，一開始還沒有著落。現在想起，還真佩服自己那時的勇氣呢。「大概是老闆要把書店頂讓出來的消息，事出突然。突然面臨失業，自己又沒一技之長。許多人都會作這樣的決定吧！」她笑著說，實際上她真的僅憑著對古典音樂的熱愛與執著，勇敢面對資金籌措等問題，就這樣一路走來，始終如一。

時代更迭，學習環境日新月異

書房的經營，可說困難重重。不似大型連鎖書店財力雄厚奧援多，什麼大小事都要胼手胝足自己來。光以選聘門市人員而言，因為書房定位在於專業古典音樂書店，無法如一般商家，可以隨便找工讀生擔任。除了要求門市人員對於古典音樂的認識有一定水準外，對古典音樂有極高的熱誠，願意時時吸收新的資訊，才是真正適合的人選。尤其近年金融風暴席捲全球，景氣實在不好，連帶家長也逐漸吝嗇於小朋友的這項奢侈品「學樂器」上。所以全音出版社樂譜的銷售量，明顯減少，也影響了書房的營運。

書房經營的項目屬於古典範疇，雖以非商業化方式經營，但方小姐與書房仍亦步亦趨緊跟著社會的脈動。例如國小、國中老師一直是主要的大宗採購者。不過受到公共建設的發包作業，總包、統包逐漸形成主流，因此對於部分承攬新學校的新建工程的營造廠而言，對於學校的軟體也需要一併購買。於是會有營造廠、設備商來找書房買學校中的音樂書籍、資料。大宗採購的客戶也不再侷限於國小、國中老師，有時候營造廠的購買金額甚至高過老師們。

對於古典樂，她可以說是執迷不悔。因為對古典樂的喜愛，她對於古典樂的熱力亦形成另一種經營的動力，她與音樂的互動由娛樂進而成為興趣，又因中國音樂書房的營運，得以漸漸累積了她對音樂的專業認知。經營書店之餘，她就參加合唱團練唱，除了平日練習，還有公演的機會。到現在，歌唱這份興趣不曾令她有倦怠感。方小姐說，「音樂給我的熱力，是我繼續勇往直前的動力。」她要繼續延續繞樑的樂音。

延續繞樑樂音

音樂是生活的一部分，就如同我們隨時呼吸，每天喝水、吃東西，是那麼天經地義而自然。方小姐對古典樂與書房有其獨到的見解。

書房遇到最大的問題，在於目前台灣古典音樂的普及與成長狀況，相較於流行音樂市場，真是小巫見大巫。幸好近年來「跨界」（crossover）、卡通電影配的古典曲風與許多亞裔演奏家爭相嶄露頭角等現象，對沈悶的台灣愛樂市場多少產生一些振奮作用。

古典音樂與其他形態曲風融合產生的跨界，為舊瓶裝新酒。方小姐表示，古典樂並非了無新意的八股音樂；把其他音樂元素加入其中後，增加了古典樂的可聽性，古典樂不再曲高和寡，更有親和力，古典樂已逐漸擺脫了一般人對古典音樂的既存印象。

另外，迪士尼卡通的主題曲與一些電影配樂大量採用古典音樂——或直接挑選曲目，或改編部分樂章。由於賣座極佳，也帶動了CD的銷售量，對蓬勃古典音樂市場極有幫助。馬友友與陳美的亞裔演奏家出現，也有相同的效果。因此古典音樂人口的「總數」是「增加」的，這也是讓方小姐樂觀其成之處。

方小姐對於未來充滿希望，現階段她致力推廣合唱團套譜的使用者付費制度，希望各合唱團都能使用原版套譜，藉此保障創作人的智慧財產。只有在保護了智慧財產後，創作人的經濟來源不虞匱乏，也才會更專注於音樂創作。這絕對是一種良性的互動。例如國外的音樂演奏場地，會指定表演者提供原版樂譜，作為開演前的資格審查。

在短短的訪問中，方小姐對音樂充滿熱忱的態度深深感動了我們，不禁讓我們期待，前方還有什麼工作正等她去推動、完成，我們在書房中又繼續會挖到什麼寶呢？我們都屏息靜待著。

頂尖音樂專門店

音樂烏托邦

黃尚雄

夢想擁有Chick Corea一手超炫Jazz Piano琴技，或躍上非古典樂器表演殿堂的西洋音樂的狂熱分子們，有幸先得福音之人，早已徜徉於自己編織的音樂世界；但也有迷途羔羊仍在尋尋覓覓。而這間標榜以專業服務愛樂者的Top Music音樂中心，卻早早便在西門町為你敞開臂膀十幾年了。在這塊音樂烏托邦國度內，老闆陳瑞強事必躬親，舉凡對外聯繫、產品介紹，甚至管樂教學等。雖然已經是歐吉桑了，我們依然可從老闆身上見到音樂人的執著與臭屁。「我國二就立志當一位專業樂手」老闆說，「而我做到了」。來到Top Music，便不免受到這位一生隨夢想而起飛的人的精神感染，彷彿只要一伸手，就能握住年少輕狂時的夢想。

讓夢想起飛

問老闆，在他那個年代「從國二立志當樂手」，家中沒有反對嗎？老闆說，小時候家裡還真稱得上是音樂世家，因為家裡人多半從事體育、音樂方面的工作，且小時候家中就擺了一堆唱片，家人都愛聽音樂。所以走上這行，並沒有受到很大的阻力。不過他的二哥在這條路上，倒是幫了很多忙。

老闆對於小喇叭充滿狂熱全心投入，從沒拜師學藝過，全憑一股傻勁苦練。買了一堆Jazz唱片，跟著唱片猛練。受限於樂器共鳴方式的不同，例如鋼琴隨便彈，聲音一出來就很優雅；但管樂，不論吹的人水準夠不夠，往往聽起來就像殺豬，老闆笑著說。為了怕吵到鄰居，他每天一早跑到山上（現在的萬芳醫院附近）練習。風雨無阻，一練就練了好幾年。塞布條，讓聲音小些，是吹管樂的人共同的記憶。許多人因為兵役與社會脫節，幸運的是，在他服役的時候，小喇叭也跟著他到了部隊，讓他有許多機會可以練習小喇叭；這也是因為他表現優良，受連長特別照顧，正所謂「有戰功才有福利」。也因為輪調的關係，老闆的小喇叭還過鹹水到過馬祖。

他在退伍後到國賓飯店做樂師，一做就十幾年。他在這段期間從不間斷苦練，他從一開始練習小喇叭，便發現國內西洋音樂方面的教材來源實在太少，養成他蒐集音樂資料與教材的習慣，這已經逐漸成為他的興趣了。不論在軍中，或在當樂師的期間，蒐集音樂資料從未中輟，在這些過程中，除了接觸到未來提供Top

Music教材的出版商，自我累積的無形資產也是無法估算的，所謂無形資產，可能是認識一些志同道合的音樂夥伴，或是Top Music的潛在客戶，更增長他篩選教材的功力。他深諳無書可看之苦，教材蒐集久了之後，也順便開始幫其他喜歡音樂的朋友與音樂界的「後浪」服務一下。還在當樂師時，他便開始幫朋友代訂國外的音樂教材，這就是Top Music音樂中心的「前期」，雖未正式掛牌，服務卻早已開始。

後來，國賓、第一飯店陸續把爵士音樂表演的場子停掉，他也認為跑場子的作息比較不規律，便漸漸轉入作育「音才」的事業上，正式成立了Top Music。剛好因為他住在西門町附近，便把Top Music Center設在西門町，當然交通便利、年輕朋友多也是考量的因素。訪談中，老闆說到小時候家中還有日據時代的唱片，這些都是塑膠唱片的前身，是很重的碳製品，非常容易碎掉。我想，在快被滿坑滿谷盜版CD、CD-R淹沒的末世紀台灣，見過塑膠唱片前身的人應該不多。

How Top is the Top Music Center?

Top Music音樂中心走的路線，純粹是為了服務喜歡音樂的朋友。從開始到現在並沒有特別作廣告，「真要想賺大錢，我就不會開Top Music了，」老闆說，靠著音樂人的口耳相傳，Top Music終於有了今天的規模。有別於其他綜合性書局，這裡完全提供西洋音樂的教學資訊。販賣的音樂商品項目，包括音樂教學錄影帶、音樂教學書籍，老闆並以其專業的音樂素養為大家提供相關諮詢。老闆心中自有一張藍圖，勾勒著Top Music未來的成長，所以這幾年也開始從事音樂教學工作，積極培養年輕樂手。他從初期花的冤枉錢、盲目摸索所浪費的時間，及身為一個職業樂師的經歷，形成經營音樂書店的雄厚資產。憑著本身數十年累積的專業，所有向國外訂的書，必須經過他嚴格的篩選、淘汰過程，再選擇出比較適合台灣音樂環境的教材，目的就是避免勞民傷財，讓消費者當冤大頭。另外，來買書或錄影帶的朋友，若與他討論，他一定會依據顧客的程度介紹適合的教材。

雖然老闆對於教材的把關毫不鬆懈，但就不同的樂風、樂手的樂譜、教材，卻不遺餘力地朝豐富而多元化的方式進行整理與蒐集，並沒有門戶之見。由架上琳瑯滿目的錄影帶及書籍就可觀察到這一點。

來這裡的第一次感覺是蠻兩極化的，完全取決於你來得巧不巧。因為只要新貨一到，往往沒有幾天就如蝗蟲過境，沒剩下幾本書了。所以記得，要常常光顧Top Music。許多來買音樂教材的人，開始都會跟老闆殺殺價錢。老闆都會不厭其詳地向他們解釋：來這裡消費，價錢不是一個重要的問題：（1）Top Music定價合理，消費者可由教材的美金售價換算成台幣算算看；（2）老闆希望大家買東西時，千萬不要把所有商品都當成豬肉、牛肉麵來看。智慧財產有些是無價的，不要老把七折八扣看得那麼重。來這裡買音樂教材，對你們應該有很大的幫助，面對讓你一輩子都受用無窮的資訊，為什麼要把它當作衣服一般來殺價呢？尤其老闆在賣自己的商品時，會問問顧客的程度與需求，給予適當的建議。買得貴或便宜並不重要，重要的是，買回

去要跟著練習才是最重要的。

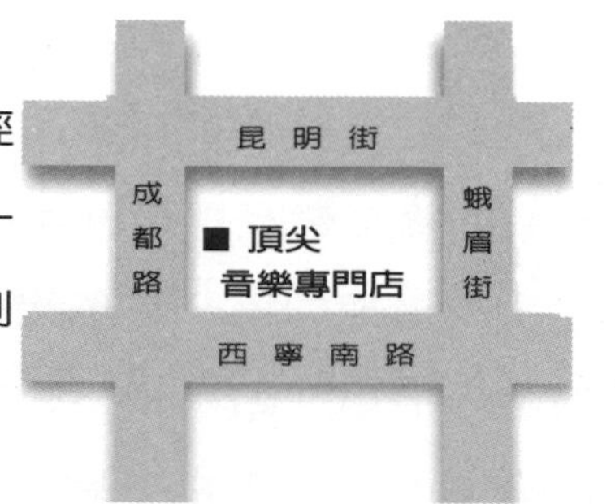

當然，老闆也說，遇到經濟狀況比較不好的學生，他一定會儘量幫忙。他也曾經看到一些不錯的音樂錄影帶教材，但顧慮台灣樂手的英文程度，就自掏腰包找人翻譯成中文說明，「隨書附贈，攏免錢啦！」。所以說，來Top Music， 錢並不是問題。另外，老闆蠻鼓勵大家加入會員的，因為有些資料受到版權的影響，不能繼續販賣，只能借給大家參考，而因為數量有限，只有會員獨享，且Top Music的會員購買教材也會有折扣。

給年輕人的幾句話

想成為一個出色的樂手，老闆認為，除了苦練還是苦練，別無他法。他說：「到現在，我聽Jazz，已經不是休閒了，我聆聽樂手的演奏技巧，及音樂上的創意，也完全在練習。」他認為台灣人較為內向，但千萬不要以為菲律賓、老外樂手，個個都是很好的player。中國人這麼聰明，技巧絕對不輸人，他在當樂手的時候，就發現了這個有趣的現象。因為菲律賓、老外比較放得開，於是現場表現往往出奇的好；相較下，台灣樂手的表現就比較不好了，這也是老闆希望提供一個更好的學習工具與方式給喜歡音樂的朋友的動機，他說中國人沒有什麼事是不行的。老闆正要繼續說下去時，突然進來一位阿兵哥（從外表當然不容易判別），跟老闆打了招呼就自顧自的選書去了。他說，像這個小朋友，原來是彈古典吉他的，以前就常常在我這裡買書。大家都知道，軍樂隊比較好混，他在當兵前夕問我如何進得了軍樂隊，我告訴他吹薩克斯風可以行得通。小朋友直搖頭，兩個禮拜怎麼可能練得起來？老闆向他拍胸脯保證。於是二週練了一首自選曲，便考進軍樂隊了。算一算，這位阿兵哥也快退伍了。老闆說，千萬不要小看自己，有了夢想，學什麼都不嫌晚；做任何事，也不要怕比別人晚開始，肯花時間終究會有成功的一天。也不要以為很多事情（成就、大事）不會發生在自己身上，努力再努力，等待機會的來到，剩下的事，就交給上帝吧！

亞典

不求曲高和寡，專業領導開發

韓維君

亞典的經營者戴亞信其實是在開了門市之後才定下來走美術專業書這條路的。他一開始做過文學、醫學、音樂、兒童各類書，在十五年前，他認為好像沒有人開發美術類的書，覺得這個市場不錯，便投入經營。所以他強調，當初並不只是為了興趣而開亞典的，可以說純粹是個商業行為：「因為美術書的單價高，我喜歡做單價高的東西。」他認為，兒童書很瑣碎量又大；文學書單價又低，都是不吸引他的原因。他以前在格林出版社做過，已經習慣作單價三、五萬的套書了，這個習慣很容易就把他導向做美術書的行列。他說以興趣來做的話，應該不會堅持那麼久，因為這是一個商業行為。他也看到許多人為理想起起伏伏的狀況。

經過深思熟慮後的感性

我問，亞典有一個為人津津樂道的特色是——如果一個學生想要一本書又沒錢買，可以先借回去，書款以後慢慢再付。這個方式是不是亞典的經營策略呢？因為它的確吸引了不少顧客。戴先生說，他從未把這個想法定義為行銷策略，只是因為那時把市場定位在學生，學生又很窮，實在沒有錢買，而且以前的學生很喜歡看書，素質也很好，「不像現在的學生不愛看書」，「我們做這個東西沒法很現實，只想如果你沒錢就先拿回去看算了。這是很自然的想法，從沒想過計算投資報酬率。」因為在跟客戶接觸之後，想到他真的很需要這本書，便提供這個方便給他。

他說，書店其實獲利非常小，關鍵往往就在跟書商拿書的折數之間，如果你的顧客群沒什麼錢，你又不能定價太高。我問他如何在這麼微小的差異中間獲得利潤？從書店的遷移改裝看出亞典的確有獲益，這又是如何辦到的？他說，「也許亞典在開發書種方面比別家好一點，因為我樂於也勇於開發。所以我會壓很多庫存，我不會像別人一樣賣暢銷書，我也賣也批發也出去跑。所有賺來的錢全都投資在書上，成為一個不斷的循環。」

在誠品這種同質性的書店興起後，對亞典有沒有影響呢？他說，不但不會有，反而讓他們更清楚它的動向。誠品走的是大型賣場，就不可能走專業經營路線：「我們跟誠品是同一年成立的，我們不但生存下來，幾年之間還有成長。我認為兩家走的是不一樣的路線。亞典跟誠品最大的不同點是亞典不賣中文書，我一向不賣跟別家同樣的書。我從來不去看別人賣什麼書、價格多少，我作我自己的，不受他人影響。」同樣一本書，也許誠品的定價便宜一點，因為在管銷費用上可以節省開支，但是亞典賣的是專業，如果一本書非常重要，就是只有兩本的量他也會進，這樣在管銷與寄送的花費其實是很驚人的。「這種作法只有規模不大的專業書店才做的出來，因為我們不用寫報表，一切的盈虧都由自己吸收。」

外行人看熱鬧，內行人看門道

專業書店的經營重心，似乎就在於供書與需書兩方的信任度上，亞典又是如何讓國外的出版社或書商願意配合的？有時亞典所訂的數量又不多，寄送的運費對出版社來說也是一項不少的投資。他為何不將書配給大型書店而交給亞典？戴亞信認為，經營專業書店不是看店面的規模大小，而是依照挑選的書種及來往的書商來定的，這個也只有行家才可以一眼看出。「這些年來，我參加過全世界大小約三十次書展，一天有位英國書商到店裡來，他的工作是到世界各國賣美術書，他說亞典的參展經驗可排世界前十名，在亞洲算第一。」全世界跟亞典來往的有七百多家廠商，「所以我們不可能像大型賣場把書擺正面成一落，我們沒有那種空間。」許多與亞典有來往的並不是大型出版社，有許多專業但屬「小道」的、投資報酬率也非常差的出版社，只與亞典有來往。我說，聽起來亞典的角色有點像顧問，似乎非常熟悉去哪裡找到什麼書種。他說，「我不但知道這本書去哪邊買，我還知道全世界所有藝術書出版社的概況，一本書可能有好幾種版本，我知道哪一本最便宜。有時候一本書有好幾個不同國家的版本，我會計算成本的差異，所以同一本書我如果賣得比別人便宜，但我其實並沒有損失。這是我的優勢。」

曲高未必和寡

我又問，閱讀環境的更迭，閱讀人口變少，學生不再像以前那麼喜歡閱讀，這些現象對亞典有沒有造成影

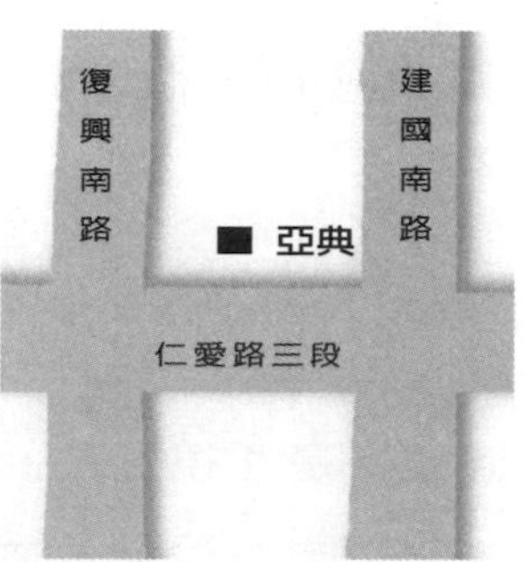

響？他說從來不想透過任何管道去宣傳亞典的存在，因為他不想「伺候」那些「不穩定」的購買者。亞典所有的客人都是學這行的，也都是同好間口傳而來，會特別為找書而來買書。他為了杜絕那些只是來「看看」的人，從以前開始都把店開在巷子裡、地下室，因為這樣才能夠區分清楚亞典主要服務對象。「我不想讓太多浮動的、閒雜的人群蒞臨，你看我擺出來的都是一、兩萬的高價書，怎麼經得起太多人翻翻弄弄？我的顧客群成長很慢，但是很穩定。」亞典是靠信用度經營起來的，不像現在的連鎖書店著重在企業的「經營手法」，「我的客人在這裡可以找到他要的書，我也能滿足這樣的客人。大型連鎖書店也許附設其他服務項目，但是那只能讓更多的人來書店，我不需要這些，我只問客人能不能在這裡找到他要的書，如果他找不到我會覺得很丟臉、很難過。」還有，「我拿到的書價是不是比別人更合理，讓消費者覺得更便宜，我在乎的是這一點。」

專業勝於行銷策略

繼而，我問「網路書店」的興起對亞典有沒有影響？他認為，藝術和設計類的書不應該上網去訂，因為這種書是「視覺性」的，不能拿了目錄說我要一本梵谷畫冊，因為你根本無從知道它的品質。全世界大概有十萬本關於梵谷的書，你怎麼知道哪一本好？「而我就可以扮演為讀者過濾的角色，我知道哪一個國家的出版社的版本最好，價錢最公道，這個差別是很大的。」他創業的最大目標就在這裡，這也是亞典能夠生存的原因。

要成為這種角色，必須搜尋全世界相關的書訊，仔細查閱比較，詳細判斷，還要跟所有主要的書商來往，才能有今天的成績，沒有任何其它的方法可以達成。戴亞信說：「我們沒有財物或企業管理人才，但是有一個最大的好處，亞典沒有外債。」一般連鎖書店一定有外債，因為必須維持店面的基本支出。「我們賺了五塊，就把五塊花在書上，因此比較不會受到經濟不景氣的影響。」其實，在比較亞典與大型連鎖書店的差別時，應該想到這一點——「逛書店」與「在書店裡消費」應該是兩回事，有了客人十年來的支持，亞典更知道該如何走下去。書店經營最重要的就是供需問題，還有書店的經營者很重要，經營者的理念是吸引顧客的最大原因。

戴亞信說，亞典有名是在國外，在國內反而不具什麼名氣。「因為台灣的出版品很弱，所以必須進口大量國外的出版品。不像美國本身出版品衆多，不需要進口也能滿足消費者，我們則必須從世界各國進口，所以我花最多精神的就是瞭解國外的資訊，專業程度讓外國人也自嘆弗如。」一家出版社向他推銷一本書，也許誠品會買五十本，他一本也不買，因為他可以找到更好的版本。他對自己的專業程度很感自豪。

他認為，連鎖書店吸引人之處往往在於行銷手法之上，可悲之處也在此，因為如果出來一家比這家宣傳手法更強的，前一家就完了。連鎖書店每一家進的書都大同小異，價錢也相同，如果擺出來的都是同樣的暢銷書，去這家與去那家到底有什麼分別？他們憑什麼要求顧客的忠誠度？「如果書店本身沒有吸引顧客的特點，當然留不住客人。有客人問我為什麼同一本書我賣的比誠品貴？我想反問他，我為什麼要賣的比較便宜？你不要看它的裝潢比較講究，賣場比較大，就認為它應該賣得貴，其實它的管銷費用不知比我們少多少。」「昨天一位客人問我這個問題，我說因為誠品賣得不好，這本書的定價還停在3,000元，我賣得好，所以當匯率調整時我也只好漲價了。」

聽起來他對書店的經營頗感自豪、信心滿滿。筆者便問，如果一個人有心要進入書店業，他會建議從哪裡開始下手？他從亞典的現況談起：「亞典現在有20位員工，包括門市、進口業務、倉儲等等，大家看到的是亞典門市部，其實門市的營業額只占亞典所有營收不到三分之一，亞典還有批發到同業、圖書館的業務，以及出口到其他國家的業務。」這點他很少對外解說。許多跑建築師、設計師事務所的進口書業務員，都是跟他拿書的。去年亞典光在大陸就賣了600多萬，最近還去印度一趟。這個過程就是──「先進口全世界的藝術書，再到各國去把書分掉。亞典的主要收入是靠這個通路。光靠門市是撐不了多久的。」進口書店與中文書店不同，比如一般外行人就看不出亞典門市連庫存的書價共計約7,000多萬，「我們的門市根本沒有地方放書，不像有的書店還可以把一本書堆成一落放。」最忙是在後勤、發貨記貨和出口。

「進口書很難做，我已經在這個領域十幾年，太累

了，現在只想轉型，把重心轉移到門市部來。」老外很怕他不做，因為沒有幾個人知道要進哪些書，每年出現那麼多畫家，誰敢賭一賭運氣？「外國書商為什麼喜歡跟我做生意？因為他可以坐著喝咖啡，我一個人看目錄就行了，如果他跟別家談生意，他要一本本仔細介紹給對方。差別就在這裡。」「連鎖書店重在經營，我們則是開發產品，沒有開發就死定了。」他認為，如果不以國際性的眼光經營，書的市場很容易就面臨萎縮的命運。但是以後他會多往門市發展，以前會配給國內書店的書，將來打算放在自己店裏賣。「以前好賣的書我會推薦給別家書店賣，以後不會了。他們怕我也賣同一本，影響了價位，因為他們怎麼也比不上我自己進自己賣的價位呀！」亞典轉型是因為他實在太累了，老了老了，他說。

書林

打造學習的希望工程

韓維君

創業源始

「書林」是由蘇正隆和他兩位台大外文系的同學一起籌設的，書店與出版社幾乎同時設立，因為他們早就對台灣的外文書籍市場充滿信心。這個想法萌發於他們還在台大讀書的時候，有感課堂上老師開課、學生進修所需之書籍取得不易，國內大部分出版社只供應教科書或暢銷書，至於參考書或比較「前衛」一點的書籍，在還沒有一定的知名度之前，書商為避免風險都不願意引進。大學畢業前的最後一次班會，大家紛紛討論畢業後將何去何從時，蘇正隆便提議應該開設一家以服務全台灣的外文系同學為宗旨的書店。服完兵役後，蘇正隆就開始與兩位同學著手籌備書店的工作，當時規劃的業務核心是針對英文系同學的上課、自修與興趣範圍內選擇出版品，再根據三位創辦人在文學、電影、藝術方面的興趣作挑選。蘇正隆除了上述的類別外，本身對中國文學、自然生態等領域也充滿興趣，所以便圍繞這些主題來出版和進口英文書籍。

因此書林的早期出版品，除了英美文學之外還跨界到生物、自然界、中國文學方面。目前的書林，則是以經銷和出版英語教學類書為主。最近十年來，經營者認為出版項目中不能包含太多類別，便將主力放在英美文學類書。初期的書林是先把經營者有興趣的書籍蒐集地很完整，現在則多半自己進口與出版。目前國內在英美文學的出版界中，書林堪稱是最完整的，而其他類別，如人文科學方面，正慢慢建制中。但是只出版英美文學類書，並無法支撐一個公司的營運。目前書林員工約50位，發展趨勢在英語教學、英語學習類的代理或進口書，因為這個市場需求比較廣大。「文學類書的市場目標對象常侷限於文學科系學生，一般社會大衆閱讀英文原著是有困難的，但是想要學習英文的人口常為閱讀文學作品人口的幾百倍之上。所以現在我們兩者並重。」

專業書籍不受經濟影響

在全球經濟不景氣的情況下，書林受到的影響比較少。因為書林大部分販賣教科書、參考書這些比較嚴肅的書籍，這種書籍在不景氣的時候比較不會受到影響。反之，一般通俗或流行時髦的書比較容易受到影響，大家如果想節省開銷一定從這裡緊縮。而語言學習書、工具書、文學書幾乎都是消費者寫報告或作研究不可或缺的需求。此外，書林也販售「大衆書」，這裡所謂的大衆書，是指從學院中延伸到一般消費市場的書，跟配合時髦需求的出版品還是不一樣的。

書林本版品的販售對象比較固定，但是近年來也有所轉變。台灣英語學習的市場愈來愈大；雖然書林在文學類書市場的占有率愈來愈高，高到一個幾近飽和的程度，也會碰到營業上的瓶頸，不論多麼努力，這個市場的容納還是有限。在業務擴展方面，現在朝英語教學與學習方面來規劃編輯，因為這個領域可擴展的空間相當大。「台灣兒童英語教學也是很有遠景的市場，我們已經從單純英語教學市場擴展到兒童英語教學市場，這個領域我們早已注意，剛好近幾年大家開始注意這方面，業務量增加的速度就快了起來。」

主動出擊，以教學為主要目標

除了出版、經銷這些比較靜態的業務，書林常常在北、中、南三個營業處、或租用外界場地來舉辦英語教學講座與師資培訓活動，這些活動內容常常是以書林本版品或代理出版品為例的示範教學活動，企圖教授老師們如何瞭解並進一步使用這些教材。書林更主動出擊，派遣外籍編輯與主要社務負責人到校演講。

連鎖書店興起之後對書林的影響不大，因為大型書店所販售的多為通俗暢銷的書籍，對於專業書市場影響較少。書林原來的形式，是蒐集市面上的書來陳列，近十年來95%的書都是自己經銷代理的，這些書大多以一整個collection的方式陳列。「書林的門市本身就是一個展覽櫥窗，目的是希望吸引更大的buyer。」蘇正隆說：「我們也希望配合一般讀者的需求，如果一本書一年只有三、五本的銷售量，我還是會進，不會因需求少而忽略。我們比較大的利基是對老師的服務，提供老師挑選上課的教材，為老師做一對一的服務。」

書林常給媒體一種「缺乏表現」的印象，那是因為書林花許多時間與讀者作直接的接觸，沒有更多人力去推銷自己，「我們也希望多辦一些活動，但是由於書林非常注重編輯作業，與台灣一般出版社不同，書林花在編輯的時間相當長，可能是其他出版品的好幾倍。要出一本書得經過許多關卡，以維持最終品質。」所以，書林很少想到要去搶當季暢銷書：「因為我們最少都要花

一、二年才有辦法完成一件事，正常時間甚至超過三年以上。所以我們很難作公關或應酬方面的事情。」

新書出版的把關者

在一整年的出版計畫裡，由書林自已規劃的出版品可能不到一半，多是配合別人要求的合作計畫：「我們常跟香港外商及中資機構合作，這些合作對象如香港三聯、中華、商務等等，或跟美國出版社合作。書林的專業讓這些出版社指定我們為合作對象。」這種情況多是他們已經進行了某種程度後，詢問書林的合作意願，書林便以出版品的品質決定加入與否。「這時我們扮演一個把關的角色，可能在校稿中又找出錯誤，或是整個出版方向的調整，使這本書更適合台灣、香港或全世界的市場。」蘇正隆表示，這一方面的業務量非常之大。

「我們常常接到毛遂自薦的作品，或是合作的案子，所以真正由我們本身企劃出版的書籍反而不多。」這也是書林未來需要調整的方向，畢竟被動地出版並不能帶給大衆比較鮮明的印象。除了前述的合作型態，書林以後會配合國際的出版作業，作一些改變。蘇正隆語重心長地說，「我認為台灣出版社的作業過程太過草率，可能幾個月就出一本書，看起來多麼容易。可是在國外要出版一本書時，往往是作者、編輯、行銷人員之間密切互動，到最後定稿出書都有很多的討論過程。」常常有許多作者找書林為他趕稿，他們也連夜做此服務。書林已經成為許多書出版前的最後把關者。

最簡單的英文通常最容易錯

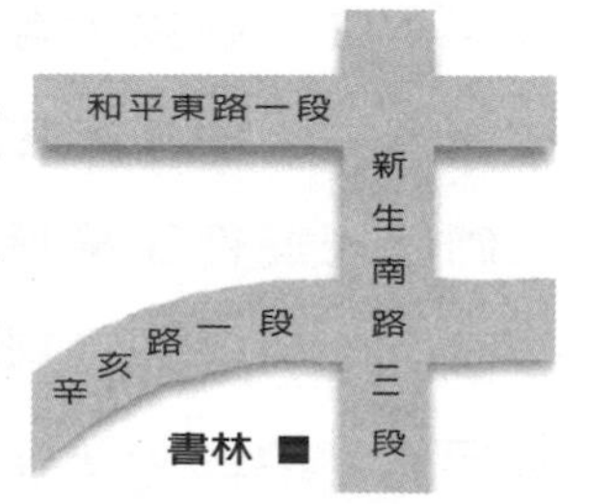

「我認為，一個出版社的所有出版品應該有固定的文字水平，這樣才能反映出版社的水準，不應該單憑作者的造化。我們非常重視出版社為作品把關的責任。」書林的基本原則就是所有英文出版品，從標題到例句都要土生土長的英美編輯來定稿，儘量減少錯誤的發生：「平常我們常常看到的、以為很簡單的英文，其實都是最容易出錯的。所以書林的編輯們絕不認為自己科班出身，英文就沒問題，所有出版內容都會請外國編輯再三校閱過。」在台灣大家沒有這個習慣，所以看台灣本土的英文出版品是很危險的，因為不知道到底是對或錯。「即使是字典，還是可能發現錯誤。」書林中文書的譯者或作者並不多，大部分不是名家、就是年輕博學又能接受指證的學者，書林非常喜歡和這樣的作者配合。

以國外出版社為借鏡

現在，書林的編輯共有四位，在台灣有一位固定的外國編輯，三位本地編輯；其他多為在外配合者，如果有需要，書林也會將稿子送到美國或澳洲作編輯審稿的工作。「目前我們工作量非常大，而且我們扮演多重角色，既經營書店門市、有自己的出版品，又是國外多家知名出版社的代理商。」這是因為書林想瞭解國外出版社的流程為何。台灣的購書與閱讀人口總數，在亞洲的占有率大概僅次於日本。台灣這些年來出版界也有很大的進步，但是國外出版社在組織和系統上非常有條理，值得我們學習。在十年前書林接下Norton出版社的代理權，「這樣一來我們可以學習，更可以跟國內同業分享合作的經驗。」

台灣的出版社常常有一個很大的問題：業務部的人

員對書不夠熟悉，但是卻負責賣書；編輯負責編務，並不負責行銷，這種情況連書林都無法避免。可是國外出版社卻非常注重這種情況，業務人員本身文筆要相當好，除了能說善道，對書更要瞭解。蘇先生說：「放眼國內，只有天下出版社做得比較好。」溝通和表達能力是出版業務中很重要的一環。編輯和向國外開發貨源是書林比較重視的業務範圍，他們也盡力跟國外爭取，希望以最划算的價格嘉惠消費者。

台灣有一種急功近利的缺點，家長喜歡挑名作者寫的作品給小孩，造成出版社一窩蜂去搶那些暢銷作家，但是蘇正隆不同意這種封閉的想法。最近十幾年來，書林引進許多英語教材，他認為，「其實要學好一種語言不光只靠教材，應該多方面吸取涉獵，你可以讀英詩或童謠，多聽多看是學習的不二法門。」美國的小朋友從小就看各種讀物，各式各樣生活化的教學方式讓小朋友在閱讀中得到無窮樂趣。

蘇先生對於興趣的執著與對教育理想的堅持，讓書林執起國內外文出版界的牛耳。在他的專注與努力之下，學習變成一件興味盎然的希望工程——藉著不斷的學習，你可以登得更高，看得更遠！

唐山

堅持另類品味，在叢林中開疆闢土

韓維君

開店原由

唐山老闆陳隆昊在台大讀書時，因為讀的是社會科學，常常需要讀原文書，在當時的環境中找書不易，心中便醞釀開一間社會學書店的想法。民國68、69年時的台灣社會處於一種比較動盪的狀態，當時不管是學校內或外都充滿一種「變」的氣氛，社會科學慢慢被重視，學校老師會講一些新左派理論，「我在那時就批了一些書，在當時可說是相當完備」。因為當時還沒有像時報這樣專出社會科學書籍的出版社，而且當時的讀者對於社會理論都有很強烈的求知慾與討論的情緒，「所以，雖然我們當時的場地只是一個地下室，比現在還小，只有幾坪，也沒有特別去做蒐集的功夫，許多同好就來此聚集了。開這個書店一方面也是滿足我自己的需求，加上當時社會環境的推波助瀾，一拍即合就開起來了。」

世代交替，新新人類新想法

但是大環境的改變也影響了唐山的發展，現在的學生已經不像十幾年前那樣沒有什麼選擇，如果說以前占他們最多時間的行為是「閱讀」，現在則已經轉型成「閱聽」了。就拿教科書來說，現在的學生也不一定會照老師的話去買。有一次他送五十本教科書去學校，被退回來三十多本，甚至有一個教授對他說，在第一次上課時教授叫學生買教科書，下個禮拜問學生買了沒有，竟然一個人都沒買，他說這本書很重要，最好每個人都去買一本，再下個禮拜只有幾個人買，他就說我考試要考這本書中的內容，而且是Open Book的，你們一定要買書。結果有一個學生問他：「老師，我們可以兩、三個人看一本嗎？」

大型書店造成的影響

社會學算是一種具有時效性的學問，許多國外的學術論文等它被翻譯成中文時，時效性已經過了。「就大環境來說，誠品的興起對我們也是一大打擊」，它排山倒海而來：學術性的書也賣，流行性的書也賣，又以大型賣場的方式經營，加上強力的促銷手法，讓公館地區許多小型書店都受到嚴重的影響：「大型商店所採用的經營手法是我們小型書店永遠不能比較的。」它的商場可以陳列各式商品，一本新書的印量可能只有2、3,000本，它可以叫個2,000本，進書的成本自然壓低了；如果加上物流貨量與管道的考量，出版社當然不太可能考慮送書給只訂10本的小型書店，一定考慮送給要2,000本的誠品，這也造成唐山訂書的困難。

嗅出趨勢，增強專業

在現今社會學中的特殊學術領域書籍，如性別研究或台灣研究，在專業書店興起時，也分掉唐山不少市場，唐山不可能像「台灣ㄟ店」和「女書店」把一個特別領域的書籍蒐集得那麼齊全，「雖然以前我們能以這種特別的領域專書來獲取利潤，現在就不行了。」就這一點來說，唐山正在尋找一個方式，期望在一個領域還沒有成為顯學之前，就已經嗅出它的趨勢，並為它出版專書。他希望這是未來努力的目標。

另類文化代言人

繼而，筆者與老闆討論到書店的「環境」也是一個吸引讀者的重要因素，八○年代的大學生流行找尋具有頹廢氣氛的場所，像唐山這樣的環境就是一種典型。但是現在的學生可能不再被這樣的環境吸引，他們可能習慣去誠品這樣的書店了。有一位台大社會系的學生說，會來唐山的就不會去誠品，會去誠品的就不會來唐山。唐山有其特殊之處，最近有一些出版社出版關於台灣地下文化的書籍，唐山都把這些書放在明顯的位置。唐山對另類文化的關心是與書店的經營同步的，就文化研究學者的角度看來，唐山幾乎等於另類文化的代名詞。許多另類產品的出版者也認定唐山是他們唯一的陳列場所，比如牛津出版社的產品在唐山可能最齊全。而另類文化發生的場所可能就是擺設這些另類書籍最好的地點，筆者建議老闆讓唐山的出版品或代理產品推廣到最前線，說不定可以直接擊中購買對象。

搭上流行的學術暢銷書

老闆說，唐山未來的發展方向之一可能是朝會員制去做；或主動提供書單給讀者、圖書館。像AMAZON網路書店出版陸文斯基自傳的情形，他們先統計出有多少訂單，再回頭跟出版社談價格，如果收到35萬本的訂單，說不定就可以2折的價錢拿到書。但是唐山不可能拿到這麼多的訂書量，出版社的價錢自然不會低。前一陣子，唐山剛好出了一本所謂的「話題書」——《十二個上班小姐的故事》，恰好碰到清大案的發生，就剛好成為當時的暢銷書，引起了熱烈的討論。「其實那本書本來沒有成為暢銷書的打算，本來就是一本從論文改寫的學術著作，所以一點也不聳動，雖然當時轟動到連seven-eleven都想賣，可是最後還是退很多回來，預估賣出去大概只有3、4,000本。」

從學術高塔走下來

筆者問，能讀下這種書的人不多，唐山是否堅持某一種品牌走向呢？老闆無奈地說：「我覺得大家對唐山

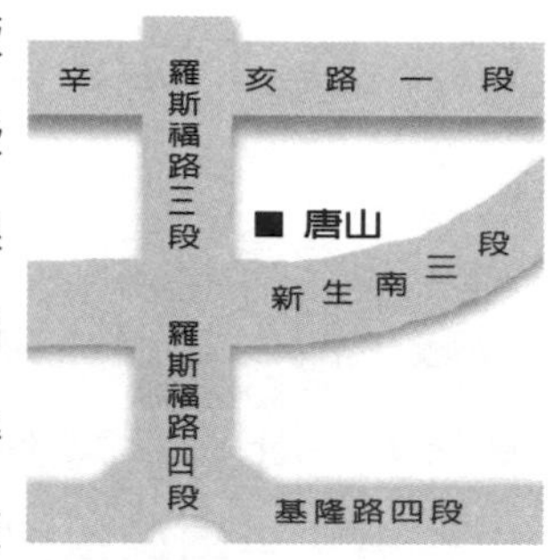

也許有成見了，以為唐山專門出版一些冷僻的學術書籍，甚至有教授只把學術論文給我們出，教學的課本卻給五南出版社，當他知道我們想出的竟然是後者，他驚訝地不得了，說：我不知道你們竟然想出教科書！因為教科書的市場比較大，學術論文的接受度比較小，可是學者們一想到唐山就想到學術著作，我覺得唐山的招牌已經搞砸了。這是很慘的，不知不覺就被定型了。我們現在也想規劃一整套出版計畫，也許比較市場導向、也許比較貼近社會現狀，雖然有一些作者跟我們談過他們的計畫，但是還沒有出現一整套的構想。」他說出版業的冒險性很高，如果我出了五本書，四本讓他有盈餘，只要有一本賠錢，總額算下來也許就沒有利潤了。他說唐山其實花了許多經費在倉儲管理上，「比如十年前我印了魯迅全集，同時一共三家出版社出版這套書，所以銷售狀況並不好，我只好租了一個倉庫來放那些存書，一年的租金就要65,000元，十年就要花65萬。」老闆最後也說，希望他老的那一天，如果有人願意接手，跟他一樣費心費力去經營，他就感到欣慰了。

北美館藝術書店

由人所創作，終將回歸人群

蘇秀雅

坐落於基隆河畔，號稱亞洲地區最大的現代美術館——「台北市立美術館」，由於鄰近松山機場，每天都有不下數百架的飛機飛過北美館的上空，載著忙碌的台北市人來往各地。每天這些飛過北美館上空的飛機，夾帶著隆隆的引擎聲，在湛藍的晴空下，流線型的機身與北美館白色的建築主體交相輝映，形成一幅現代都市的風情畫。

北美館，這座屬於台北市民唯一的一座市立現代美術館，從民國72年開幕至今，如今已有十六個年頭，在邁入新世紀之時，我們是否該檢視北美館在我們平日的生活中究竟扮演著什麼樣的角色？對忙碌的台北人來說，北美館猶如一個既熟悉且又陌生的名詞。我們都知道有這樣的機構存在，但是卻仍然有大多數的人們，不曾走入北美館參觀。這中間到底是出了什麼樣的問題？是值得追求精緻物質文化的台北人好好省思。

近幾年北美館，推行了許多大型的改造計畫，而其中和愛書人最相關的即是藝術書店的成立。87年12月在北美館的地下一樓，第一間藝術書店悄悄地進駐其間，它由原先位於一樓大廳一角的「台北市立美術館出版品販售處」逐漸地擴大它的規模與服務，而有今日的藝術書店。

藝術書店內採挑高的設計，搭以整面的落地窗，天井中自然灑入的陽光，呈現出的是明亮、清新的質感。書架配合S形的動線設計，十分具有現代感。讀者可以循著路線，一一找到所需的書籍。從兒童美術圖書、藝術光碟，到中西藝術的相關書籍，十分豐富。基於藝術推廣的理念，書店內的中西藝術用書，蒐集了各家出版社的出版品，如《藝術家》、《雄獅》等等，一應俱全，在內容的深度上，也以淺顯入門的用書為主，因此讀者不必再跑三、四家書局之後才能找到要的書，北美館的藝術書店可以節省讀者在購書上所花費的時間。

藝術書店裡也展示了由北美館自己出版的展覽專輯、導覽手冊、及《現代美術學報》等刊物。在自身出版品的推廣上，藝術書店扮演著非常重要的角色。由於北美館定位為一座以介紹現代美術為主的展覽館，所以在出版品的種類上是以台灣美術及近代西方藝術為主。藝術書店配合北美館每年3月下旬舉辦的美術節及12月下旬的館慶，都有舉辦北美館出版品的特價優惠活動，熱愛藝術的您，可千萬不要錯過這難得的機會！當然，北美館藝術書店也不免俗地販售一些卡片、記事本等小禮品，提供您在購買上不同的選擇。

一個城市中美術館扮演的功能，除了靜態地舉辦展覽、進行藝術品的研究外，更應該主動地走入社會大衆的生活，創造一個藝術品與大衆溝通的無障礙美術館。而「藝術書店」在藝術教育的推廣中，正是具有居中傳遞的功能。「藝術」絕不是曲高和寡，也絕不是只有少數人可以參與及壟斷，藝術是由人們所創作出，終將回歸到人們的生活中，如此才有意義。我們衷心希望從這樣一間小小的藝術書店出發，結合群衆與藝術，將忙碌的台北市民重新帶入北美館中。

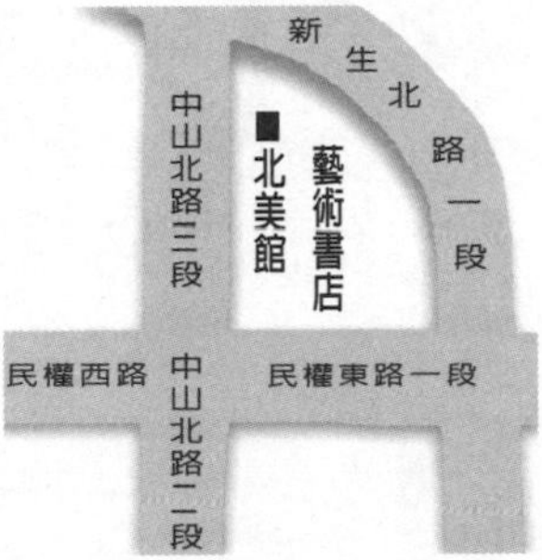

理工書房

以難以忽視的姿態存在

席寶祥

以難以忽視的姿態存在

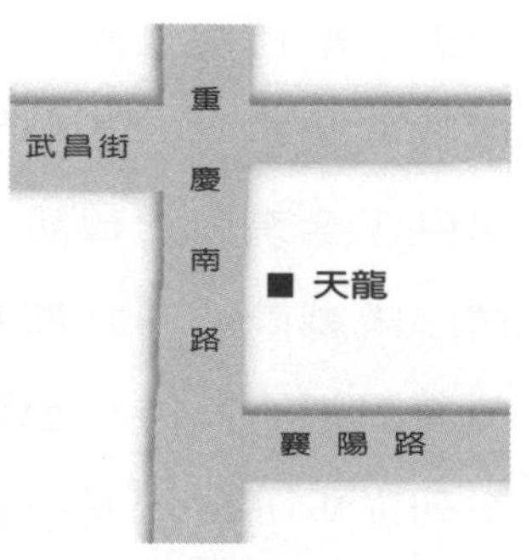

國內學習理工的人數一向不少，近年來在各企業大量應用資訊科技及高科技工業快速發展的推波助瀾下，每個人都幾乎成為不折不扣的「資訊人」與「理工人」。走進任何一間書店，相信一定不難找到電腦/叢書的芳蹤。在誠品、金石堂、何嘉仁這些大型連鎖書店，以及重慶南路上每一間書店，電腦書都盤據了書店中「令人最難忽視它們存在」的空間。此種現象一方面歸功於資訊科技的日新月異，另一方面則顯示現代人對資訊科技的廣大需求。

在台北市，有幾間資訊族老饕們絕對不會錯過的電腦專業書店，像是位於重慶南路的「天龍書局」便是家老字號。在這兒，你可以找到各式各樣的電腦及網路書籍，而且中英文俱全。緊鄰著天龍書局的「儒林書局」又是另一間老字號書局，本身又是專業的電腦書出版商，故而對市場的嗅覺有其獨到之處。

與儒林背景類似，本身也是專業電腦書出版商的

「松崗」，則與衆不同地選擇在信義路與敦化南路交會口的玉山銀行樓上設立據點。在此，松崗結合其出版部、電腦教育中心與書局門市，為敦南辦公圈的廣大上班族提供了全系列的資訊服務。在這兒，你不僅可以在經過精心規劃而顯得井然有序的門市中，輕鬆選購豐富的中英文叢書，同時你也可以在隔壁的「資訊學苑」選修一系列從Windows基本操作到高階程式設計的課程，算得上是極具特色的資訊專業書店。

資訊科技提供者

除了純粹以賣書為主的專業書店以外，結合書本與電腦軟硬體銷售的行銷手法則是近年來資訊專業書店的另一個主流。在這類「書店」中較具代表性的，有位於光華商場商圈，結合書籍與光碟軟體銷售的「華彩軟體屋」，以及位於世貿中心附近，結合硬體與書籍銷售的「震旦資訊量販廣場」。雖然在這些場所中，「書店」的特色已經不再那麼濃厚，進而轉型成為一個「資訊科技的提供中心」，但其所提供的方便性與整合性，已為資訊專業書店的發展創造出更多的可能性與發展空間。同時，隨著多媒體出版與電子書、網路書店的興起，這類「書店」的發展遠景是相當值得期待的。

不論屬於傳統或多媒體化的資訊專業書店，多年來皆是以其「存書」的即時性與完整性建立起他們在「資訊人」心目中的地位。相對的，如果一旦跟不上資訊科技更新的速度，這些書局亦很容易被新加入者所淘汰。這是資訊專業書店最大的共通特色。同時，身為最新電腦科技資訊的提供者，這些資訊專業書店本身應用資訊科技的腳步也比一般書店要快許多。因此不論是網站的開發、網頁內容的豐富與更新速度、以及網路查詢、訂書等各種服務，都是這些資訊專業書店致力創造的特色。有興趣的朋友可以到「松崗」的網站（http://www.unalis.com.tw）以及到「華彩」的網站（http://www.flourix.com.tw）逛逛，相信你一定會發現許多有用的資訊。

「理工人」的世界包羅萬象。在理工的世界裡，電腦只是一個「子集」（Subset）而非全部。從能讓飛機飛上天的流體力學、動力學，到造橋鋪路的材料學、結構力學，以及與你我生活息息相關的電力、通訊等等，都是「理工人」的關心範疇。由於這些科技多半來自西方國家，因此原文書往往也成為「理工人」不可或缺的參考資料。

位於台北車站前懷寧街上的「巨擘書局」，很早便以其豐富的原文書收藏，吸引國內外莘莘學子前來採購教科書或參考書（附註：美國大學所用之教科書在當地購買往往很貴，隨便一本定價都在新台幣2、3,000元以上。因此留學生通常趁自己或同學寒暑假回國之際，順便購買下學期所需之教科書）。在「巨擘」，你可以透過電腦查詢所需要的書籍，如果找不到也可以請老闆代為定書。同時由於存書頗豐，往往可以看到許多「理工人」在此「試讀」。

位於台大新生南路校門口對面的「曉園書局」，則是另一個具代表性的理工書局。選擇開在最靠近「書市場」的地方，並擁有全國知名度最高的讀者顧客群，曉園本身即以出版多種知名教科書的中譯本或習題解答而為「理工人」所熟知。曉園所進的原文圖書，大多以台大老師所指定的教科書或參考書為主。因此如果你想要知道台大理工科系曾經或現在正在使用哪

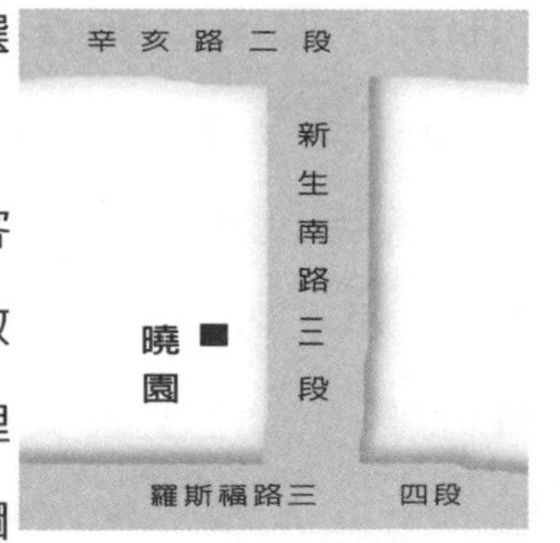

一本書做教科書，來曉園問問多半可以事半功倍。

除了上面兩種理工書局以外，校園書局也是「理工人」一個很不錯的選擇。與一般書局不同的是，校園書局除了可以提供更方便的服務以外，其價格往往也比校外書局便宜許多。

感受理工人的人文風景

位於新竹清大校園內的「水木書苑」，便是一間這樣的書局。清大或是交大的同學，可以先透過校園網路或電話直接且迅速的查詢「水木」的存書現況（包含是否有這本書、其價格以及所在書架的架位等），再去「水木」輕鬆瀏覽或採購。特別的是，由於清大也是新竹地區藝文活動的中心，因此走進「水木」，除了可以發現豐富的理工叢書，你也可以從清揚的古典樂中，感受到「水木」主人用心營造的人文氣氛。為凡事講求理性思維的「理工人」，添增更多的人文色彩。

不斷追求創新的「理工人」，正以其獨特的方式默默地塑造人類社會的未來。當你下次想到「單頻機和雙頻機有什麼不同？」這類問題的時候，不妨去一間理工

書房逛逛，或許你會更瞭解有哪些新科技即將問世，以及這些新科技是如何發展出來的，或許你會因此而更能體會「理工人」不斷追求創新的特質。

建築書店開發史

由看熱鬧到比門道

馬本華

書與期刊一直是建築及設計專業工作者最主要的資訊來源。既使在今日網際網路發展一日千里的情況下，閱讀書報的傳統習慣也永遠不會被取代。記得曾有人預言，在電腦高科技發展日新月異的九〇年代，紙的用量將會減少——「因為一切都可以在螢幕上被閱讀」。但事實證明，我們卻因為印製更多的資訊而使用更多的紙材。以下，我將介紹台北幾家主要建築與設計專業書店，希望對您日後尋找資料時有所助益，而不致迷失在資訊的汪洋之中。

「高檔階級人仕」夾帶外文書的年代

由於地理、政治、環境與氣候等等因素，在建築與設計這個專業領域上，台灣這個小島勢必難以避免世界的潮流的影響。在十多年前，資訊不如今日發達時，建築與設計的專業工作者，除了藉由本地小型出版商盜版翻譯一些國外書籍之外，就只能請當年可以出國的「高檔階級人仕」多帶點書與資料回台灣以饗同好。然而當年台灣的盜版翻譯品，往往都比原文出版品晚了將近四、五年之久，而且藉由「高檔人仕」購書的機會也可遇不可求，因此台灣的建築風格在光復後到距今十幾年前，一直夾雜著淡淡的日本風情和不西不台的樸實鄉土味，後來也逐漸摸索出本土的設計風格，出版一批專業建築工程、製造或印刷知識的know-how，到如今已成為許多懷舊收藏者的最愛。總之，早期的台灣建築與設計景觀最具本土風情。

這樣的情形，到了八〇年代有了顯著的改變，台灣解嚴、開放國民出國觀光、台灣出版界開始執行著作權法……等事件陸續發生，建築與設計專業書籍的來源與生存之道立即有了劇烈的變化。有些當年幫人帶書的「高檔人仕」已經學會一些國貿技術，開始正式進口代理國外相關專業書籍，進而變身成設計科系學生口中的「書商老闆」。每年建築或設計學會舉辦書展，一定請他們來學校，供應老師所需的教學參考書，賣學生愛看的特價「設計參考書」，以應付老師那些永遠出不完的作業。這些書商深諳生財之道，不但在學生這裡賣掉特價過期的庫存書，還有老師當人脈，可以繼續到老師的公司或事務所賣起真正專業、高價又即時的實用工具書，還順理成章成為該公司「圖書顧問與主要資訊來源」。

由順道夾帶到專業經營

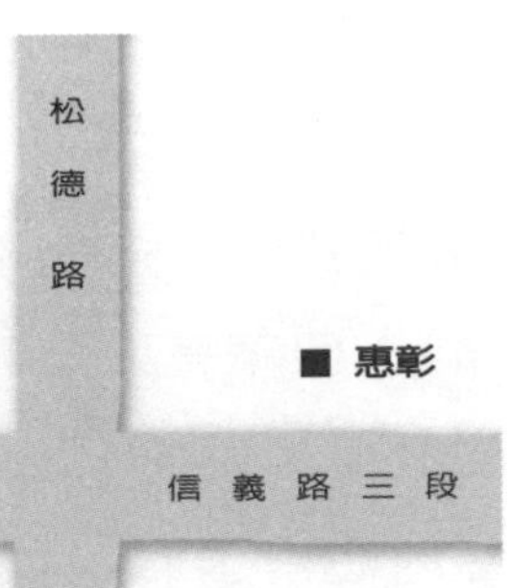

這些聰明的書商也漸漸因為營業量的擴大，而有了成立門市的計畫。位於信義路六段的惠彰，是老讀者必逛的一個據點。「惠彰」成立將近十三年，老闆姓顧，他真可說是這十多年來台灣專業建築與設計書店的歷史見證人。起初不論美術、平面廣告設計、工業設計、室內設計與建築等領域的書籍他都曾販售，幾經調整之後，才將主要方向定位在室內設計與建築上面。他能讓每一個來過的讀者，都認同這裡的專業性與齊全度。別說這間看起來小小、到處壅塞著書架的店面，顧老闆可是善加利用他這套經營理念，不但提供本地進出口供銷服務，還外傳到大陸與韓國呢！

成立十一年的啓茂書店，累積了七、八年業務底子，終於在四年前成立門市部，地點正位於台北科技大學對面。一走進大門，便立即感覺到店主的理想性格：原木色書櫃層層並列，暖色調的小沙發錯落其間，入口處還有一個小小的吧台，是店主用來招待客人，一起喝喝可樂、聊聊書的地方。即使進口部經理告訴我們，對外業務其實還是他們主要的收入來源，門市則一直呈現虧損的狀態（這也的確一直都是此類型書店最大的共同點），但筆者還是感受到店主希望為顧客提供一個空間的誠意。現在，除了維持以往啓茂最專長的外文建築及室內設計書籍、期刊之外，也提供了許多外文工業設計、家具設計以及中文營造施工等延伸閱讀的書籍，平面設計的書籍只留有點綴性的數量。此外，他們還提供各種建築及室內設計書籍期刊的服務。

對於專業讀者而言，龍溪國際圖書也是熟悉的名字。它早年主要經營平面、工業設計與中外純藝術的書籍，近年書量有逐漸減少的趨勢，已漸漸將重心轉移於出版電腦設計相關書籍以及大陸市場之上。而同樣的狀況也出現在桑格圖書，早年經營進口外文平面設計書的桑格，早早便將事業轉移到出版與發行電腦設計教學書籍項目，因此這兩家店的門市已經不如從前熱絡了。看來電腦科技資訊發展的日益發達，已對傳統書商造成相當影響。

亞典書店，黑洞般的魅力無法擋

此外，我們更不可不提亞典書店。亞典的戴老闆經營外文專業書籍已有十多年歷史，主要經營項目包括店面的書籍經銷與書籍的發行。從小小的羅斯福店做起，直到前年又擴展了重慶南路分店，今年更進一步將羅斯福店遷移到台北市最美的藝文大街──仁愛路三段林茵大道邊，使得「亞典」書店更是名符其實！亞典書店最大的特色，即在於書種種類繁多齊全，不論多麼的小衆，你在這裡一定都可以找得到。這就是戴老闆堅持的原則：希望專業人口都能找到他所需要的資訊；但因為每一本書的進量都不大，所以看準了就趕快買，以免向隅！因地緣人脈關係，重南店的平面設計書籍比重較為大一些，而仁愛店的純藝術書籍較為齊全，但是基本上這還是以「總店」自居，所以不論是建築、平面或工業設計、攝影、表演藝術、書法……等各類藏書都相當豐富。而且不定時的有特價書的清倉活動，一不小心就

有「挖到寶」的樂趣，在總店雖然少了當年如在羅斯福店那種擠在被書包圍的幽暗狹小廊道間，享受著尋寶般的找書經驗，但卻增添了以往未曾有過的幽雅氛圍，樓上還有一個雅緻的咖啡小館俯瞰林茵大街，讓你可以悠閒地享受錯置時空感覺的台北午後，它仍有著如黑洞般的魅力，吸引著專業工作者的心。

還有那位於台北最有名的書街——重慶南路——上大廈樓群間的「東西畫廊」圖書，也是建築設計老饕不會錯過的點。老闆說，他們已經成立三十四年了，聽了不禁讓筆者肅然起敬。一走進店內，即感受到排山倒海而來的外文精裝書的威力，這裡新書到書狀況相當迅速，讀者來到這裡不須為找不到新書而感到困擾。因地緣及人脈關係，東西畫廊在平面設計、工業設計與攝影類的藏書相形之下較為豐富。老闆時時親切主動地詢問客人，甚而進一步閒話家常起來——你可千萬別被老闆的幽默與熱心給嚇壞了，這可是東西畫廊累積出良好人脈的原因與多年特色之一呢！

由當年的書商角色漸漸開起門市的書店多不勝數。除了剛剛談到的幾家老字號書店，接下來談到的「棠雍」，相形之下資歷就顯得年輕許多！棠雍雖然早期也如同大部分專業書店一樣以跑業務起家，但是就在五年前，在台北春天百貨開幕之際，它也於此成立了自己的專屬門市。棠雍在成立之初，即取得許多國際出版商在台的正式代理權，從平面設計、室內設計、建築、攝影等類無所不包，這幾年它更進一步經營出版事業，主要出版項目為國內外室內設計類書，以及童書中文版、明信片等，並有出版大陸藝術、設計類書等計畫。論到書店本身的裝潢，這裡的室內設計、書架陳設，都與東南亞的設計連鎖書店"Page One"極為神似——就在波浪型的彩色書架上，每一本書都有著自己的舞臺！

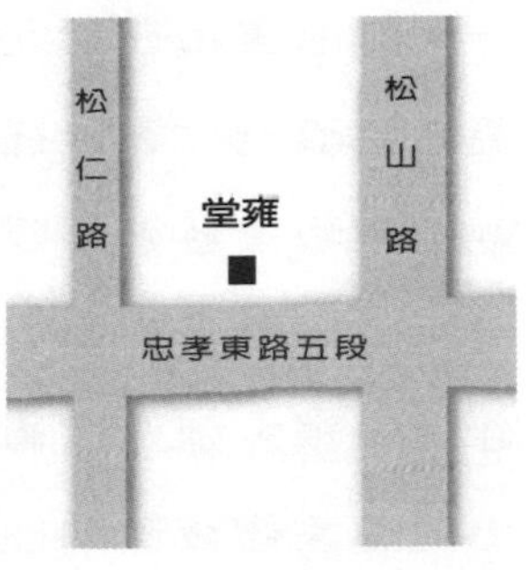

相較之下資歷顯得年輕許多的上博國際圖書，由兩位曾為其他大書商工作過的姊妹檔成軍開設。位於信義路四段的書店門市雖然小，但其主要的客戶可是跨及兩岸三地的大客戶喔！兩姊妹把「服務至上」的精神理念表現到最高境界，如果你有機會參觀他們的書店，你也會受到她們那種親切又溫馨的招待。這裡的主要藏書，是建築與室內設計的各類彩圖書、期刊，及少數的理論書，她們也接受訂購服務。

誠品，供給你所有的需求

剛剛我們聊到的專業書店的販售項目多是以國外進口的彩圖書為主，那麼理論或工程書呢？十年前，當第一家誠品書店在台北中山北路與民權東路交叉口成立，便完全改變大家以往對書店的印象了。當年的誠品，主要也是販售藝術與建築之類的外文彩圖書；隨著社會文化與政經狀況的星移物轉，就在四、五年前，誠品有了經營連鎖大型綜合書店的計畫，從這個時候開始，台北市民攜家帶眷在前往誠品度週末時，見識到外文建築、設計等出版品的細膩質感與精美印刷，也讓普羅大眾知道「原來外文彩圖書是如此的精美！」一時之間，好像把所有國內出版品都比下去似的。但這也更進一步促進國內出版商對出版品的品質要求程度。現在，如果你問身邊那些學建築或設計的朋友們「專業的書籍要到哪兒買？」時，他們肯定會這樣回答你：「不就只有誠品有嗎？」

誠品和其他書商最大的不同，除了他們展售的對象不僅僅限於專業工作者更廣及普羅大衆以外，還有一件別家書商不敢做的偉大成就，那就是進口大量以文字為主、甚至無彩圖的外文理論書。台灣的語言環境一向不太良好，雖然近年政府大力提倡雙語教育，計畫將台灣變成亞洲金融營運中心，台灣民衆的英文聽說讀寫能力，平均說來仍不及香港或新加坡與其他亞洲新興國家。雖然台灣出國留學生人數逐年升高，但對建築設計的莘莘學子來說，原文書的平均閱讀狀況，往往還只停留在老師指定的教科書上。一般書商如果有心要進入這個市場，衡量之下也覺得太過吃力。據筆者的觀察，即使是外文專業彩圖的主要購買者，可能充其量不過就是看看圖、參考參考罷了！學設計的學生買外文書的目的往往是拿來「抄抄樂」的，

根本來不及消化國際大師的思想精髓，在作業的壓力下總是先交了差再說！台灣在國際間的雅號「仿冒王國」可能部分原因也要歸咎於此。這樣的情況也正在改變之中：誠品的原文理論書開始有讀者指定訂閱購買；國內

頗具知名度的專業建築類雜誌《建築》總編輯金光裕先生說的，以台灣的國土大小比例與國外相比，「建築博士的比例絕對是高居世界第一。」看來我們大家可要爭氣點，別辜負了這個頭銜吧！不過由這幾年誠品書店建築設計書的排行榜看來，「理論書」有節節上升的趨勢。我想大家對於這樣的成果是樂見其成的！

以藏書齊全與專業度相較，誠品衆家分店中當然以敦南總店領銜，但大亞站前店的藏書也不容小覷。但是這裡因地緣關係，主要仍是以平面設計、手繪POP與電腦繪圖類較為豐富。

詹氏圖書，建築工程書集散地

而建築工程方面的書籍，在台灣則與前面所談的例子完全是個大逆轉。也許這跟「外文閱讀能力」有著很大的關係。建築工程這種非常專業的書籍總不能看一看美美的圖就了事吧！？所以

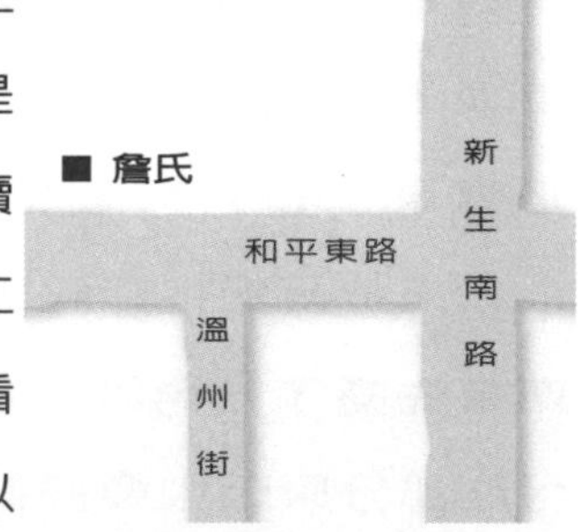

建築工程的專業人當然讀的是我們本土出版的中文書

囉！講到這裡，我們非得抱著「感謝的心」來介紹詹氏書店不可了！詹氏圖書1978年成立後，便一直出版有關建築施工營造相關的書籍，包括土木、環境工程、建材資訊、房地產、工程實務、都市規劃、結構設計、營建管理、建築辭典、理論工具書等，種類齊全繁多，在台灣本土建築出版社界扮演非常重要的角色。詹氏圖書伴隨台灣大專院校建築科系的莘莘學子、實務界的專業工作者度過許多年，一起成長茁壯。它起初以經營翻譯書為主，近年，國內專業環境也已漸漸養成，開始出現國內作者自己撰寫的著作，內容也朝本土化方向發展。詹式在門市部除了販售本版品外，也蒐集了所有與建築相關之中文書籍和期刊，還有JA、GA、講談社、新建築……等日文專業出版品。這邊還有一個有趣的特色，就是入口處那幾面大大的公佈欄，上面佈滿密密麻麻各種有關建築的最新資訊，大至競圖招標、建築師執照考期表、新書介紹，小至補習班廣告、社團活動，甚至二手圖桌買賣等等。在這裡逛書店，常常可以遇到老學弟學長或教授，這裡已儼然成為建築專業工作者的「資訊交流站」。

外文能力是首要條件

長久以來，台灣、韓國與東南亞各國的建築與設計方面的書籍主要仰賴國外進口，一直不能與日本相比。日本國內的建築設計相關出版品已達到自給自足的狀態，原因無他，只因為台灣的閱讀市場過小。東南亞的閱讀市場因為普遍缺乏共通語文，所以各國乾脆以英文為第二語文，西方出版品便得以大舉進入亞洲市場。加上自十九世紀工業革命以來，大衆媒體發展迅速，所謂的「世界設計主流」及其技術皆以歐美為主要仿效對象，根本等不及外文書翻譯成中文資料，所謂的「一手資料」可能已經成為「N手資料」啦！所以身處於此事業領域頂尖的人才，就如我們剛剛所提及的，良好的外文能力已成為必要條件之一。

拉拉雜雜說了一大堆，僅只是「個人」這幾年在書店工作、勤逛書店的小小心得，所談及的面向也以台北為主。若内容顯得不夠完整或宏觀，先在此向大家致歉。據筆者觀察，最近建築與設計類的中文出版市場已有日益擴大的趨勢，尤以「建築類」書最為顯著。首要原因是「設計類」資訊較建築類資訊更具時效及流行性，相形之下，建築方面的書籍資訊保存性較高。更重要的是，兩岸三地及東南亞的華文市場逐漸形成，可能的讀者群漸漸增加。目前最要緊的工作，就是整合繁體與簡體中文字的使用，以及各地華文用詞的習慣性，這在有心人士的催促下，腳步已在加速之中。再者，藉著網際網路的廣泛使用與倍速發展，讓各種資訊、智慧及文化事業更加輕易達成交流，綜觀未來，我們正逐步邁向可以期待的「地球村」境界。

舊書攤

讓書不再是書，也不只是書的地方

黃尚雄
韓維君

年輕的X、Y世代，也許不知道，當年爺爺、奶奶、爸爸、媽媽的最拉風的活動，就是逛舊書店、買舊書。台北市的牯嶺街，不是因為《牯嶺街少年殺人事件》(由楊德昌執導)而聲名大噪。盛極一時的舊書產業，才是讓老一輩台北人所津津樂道的主因。那時，舊書市場就以牯嶺街為集散中心，舊書攤也曾多到八十幾攤，擁擠程度大概不輸現在的士林夜市，不過我們已經很難由現在的風貌聯想起那摩肩擦踵、人聲鼎沸的昔日風情。牯嶺街上目前僅存的舊書店，大都屬於有歷史的老字號書店。如果有機會到這兒逛逛，除了挑選所需，不妨感受一下書店獨具的古舊氣氛。

「人文書舍」與經營者張銀昌，就是一間有歷史的書店和一位有故事的經營者。不僅書店超人氣，時有媒體採訪報導，近日更有廣告商向他商借書店，作為廣告拍攝場地。我們可以說，閱讀張銀昌的書店，就等於閱讀他的歷史，也彷彿閱讀了一本台北近代史，就讓我們開始帶領您進入這段歷史吧。

為興趣投身舊書買賣

張銀昌民國54年自軍中退伍，原本有機會到中興高中當老師。但經過一番考慮後，覺得私立學校校長要是換了，飯碗也可能跟著沒了，那麼為什麼不找些自己有興趣的工作呢？他想到自己最大的嗜好就是讀書，還在軍中時，不也常常光顧牯嶺街嗎？那就開間舊書店吧。這間舊書店開張時，書店中陳列的舊書可沒花張銀昌半毛錢，因為都是自己原來的藏書。而這對張銀昌而言，正所謂「書到用時方恨少」。前十五年，他風雨無阻，每天要騎腳踏車繞台北市一圈半。五點半由家中出發，從牯嶺街到信義路，經仁愛路，沿松江路到圓山火車站後，再由圓山過台北橋到三重市，繞到迪化街、萬華廣州街後又回牯嶺街。這不過是早上的行程。下午就由汀州路、和平西路、和平東路、基隆路、公館、汀州路、信義路五段，再回牯嶺街。這兩條路線經過了主要的收破爛場。依循著他的描述，我在心裡畫了張台北市地圖，還真是蠻遠的。不要說是騎腳踏車，下車後還要彎腰去挑撿舊書。現在的年輕人，能這樣刻苦的人大概不好找了。

即將邁入二十一世紀的今天，企管人常常大聲疾呼「專業化」，強調唯有絕對專業才能永續成長茁壯。民國55年到民國65年，牯嶺街風光時，生意好的書攤也是以專業來爭取利潤的。在破爛場尋找好書，張銀昌說，這可要憑真本事，雖然大家各撿各的，但對書的價值清清楚楚，知道什麼書有資格稱奇，什麼書有資格叫好，這樣才有機會與買書的人談到好價錢。張銀昌認為，他的三個女兒都擁有高學歷的原因，除了在牯嶺街風光時所攢下的積蓄，也是因為自己對好書的執著，以及對舊書的專業經營，才有一點小小成就。可見各行各業，唯有秉持專業，才有利潤可言。

黃金歲月十來年

但什麼原因讓牯嶺街風光了十年呢？一個風光了十年的行業，靠的無非天時、地利與人和。民國60年左右，電視機等科技商品並不普及，台灣的物質條件並不好，民眾主要的休閒仍以閱讀為主。由於當時出版業不蓬勃，加上個人平均所得不高，流通的書籍便以舊書為大宗，便形成了舊書的內銷市場。有內銷，那有沒有外銷呢？當然是有的，拜中共文化大革命之賜，讓當時的台灣舊書產生了超額的出口需求，同時蓬勃了舊書市場。因為文化大革命，大陸與西方的文化交流完全中斷，西方圖書館無法由中國順利取得書籍、資料，於是希望台灣能夠提供。張銀昌說，那時候，牯嶺街上的外國人可多著呢。其中不乏史丹佛、哈佛等名校的圖書館的職員來牯嶺街大肆採購舊書。光有需求，沒有供給，是沒有辦法達成交易。交易不熱絡不具規模，投入舊書市場的人，便不會多到需要半條牯嶺街才能容納。受益於當時台北市進行都市更新，許多大條的馬路陸續新建，低矮的房屋拆遷、翻新。因此大量的舊物、書籍就被集中到破爛場子。許多寶貝、舊書，就有了重見天日的機會。

這些年，張銀昌比較輕鬆了，他說現在可不能像三十年前那樣拼命了，年紀是一回事，主要是現在的台北到處是車子，真是危險極了。有了女婿幫忙，經營書店已經不像以前那麼辛苦；近年環保意識提昇，資源再利用的風氣提高，經常有人

主動通知要把書送給書店。目前店裏新到的二手書，大多是原書主要他過去收的。三個女兒嫁人後，他覺得自己心事已了，年紀也大了，會把攤子繼續經營下去的原因，就是他沒有其他嗜好，只喜歡看書、聽聽音樂。這已經成為他消磨時間的方式。來到書店中，看書聽音樂，許多老朋友都會來串門子，喝喝茶、聊聊天，日子很好打發。

舊式舊書店逐漸凋零

我問張銀昌，您的名氣一定很大，有這麼多媒體訪問過您呢。他笑著說：「是！不過主題都是些報導『夕陽產業』的文章。」聽了我們都笑了。牯嶺街極盛期曾經有過八十幾家舊書店，如今只剩下三、四家了。碩果僅存的幾家舊書攤，未來也可能因為後繼無人，而面臨曲終人散的窘境。牯嶺街舊書店怎麼起來，就怎麼下去，讓舊書店風光的原因，現在一個也不存在了。

媒體多元發展，愛看電視的人比愛看書的人多，或者說，現在的人可以玩的花樣多了，閱讀不是唯一選擇。雖然出版業依舊不易經營，但比以前蓬勃卻是事實。新書的流通管道極為暢通。隨手可買的新書，可沒法再等二、三個月，更何況現在的書這麼便宜，現在的人又對衛生比較注意，所以願意買舊書的人變少了。而影印機的普遍，也對經營舊書店造成蠻大的衝擊，需要查詢資料的朋友到圖書館，就可以利用影印機複印下需要的段落。一般人，對於一本不是全部都需要的書，並不會有購買的意願。以往舊書市場活絡時，文史類的雜誌占了大部分，現在雜誌以電腦類居多。受到資訊更新速度太快，落後的資訊根本就不會有人買，更遑論收藏價值。所以舊書的內銷市場逐漸萎縮。至於老外不再來買舊書的原因，就顯得有趣了。現在大陸開放，走自由經濟路線，巴不得天天與你做生意。牯嶺街風光了十年，台灣的寶藏也早就被挖光了。沒有價值的書籍，人家也不會有興趣，所以舊書的外銷市場也愈來愈小。

超人氣的新據點

時勢造英雄，受到另一個天時、地利與超人氣的匯聚，光華商場中的舊書店儼然已是新一代舊書店的代名詞。隨著科技商品逐漸主導大衆的消費習慣，消費力最強的年輕朋友對於光顧光華商場已是家常便飯，所謂雨露均霑，光華商場的舊書店也開始發展。但年輕的人應該不會知道，光華商場中還與牯嶺街有很大的淵源。話說經濟部遷來現址，對牯嶺街這些影響觀瞻的舊書攤販，還頗傷腦筋。當然舊書攤是台北市民生活的一部分，所謂影響觀瞻是針對外賓而言。為了安置領有執照的舊書攤，就規劃他們遷到光華橋下。因此，光華商場的發源地還是牯嶺街，而牯嶺街的舊書文化因而在光華商場得以繼續延續。

舊書攤老闆的感慨

「能來到台灣真的是不簡單。」張銀昌淡淡的說。一個大時代的悲歡離合似乎也盡泯於他的一句「不簡單中」。但終究也走了過來。抗日戰爭末期，他大約十五歲，老家河南舞陽發生蝗災，能不餓死活下來的人不多。他僥倖活下來了。後來到了軍中，雖然小學也沒畢業，但倒是識得字，因此被

指派從事文書的工作，最後當上了文書官。剛來台灣時，軍人的薪水並不好，到他退伍，也沒有特別改善。但是軍人的福利最近倒是改善不少。軍旅生活回憶不多、極為單調，但卻讓他養成閱讀的習慣，這跟他遇到一些軍隊中的良師益友有相當大的關係，為他提供入門書單，開啓智慧的大門，在學問上相互砥礪。萬事起頭難，對多數人而言，跨過知識的障礙，不僅非常辛苦，也需要花時間，不斷摸索是必經的過程。民國40幾年，遇到一些程度不錯的同事，開始介紹些好書給他，剛開始唸這些書時，並不能很快理解，感覺非常吃力，因為原本自己的學問基礎並不深，但是當閱讀成為一種習慣、一種興趣，便有了如魚得水的快活。也促成事業的第二春，他希望能把工作與興趣結合在一起，開始經營舊書店之後，架子上的書大都是自己的私房書。文史的作品他看得比較多。

他從二樓找出一本書，只有這本，是他一直留著捨不得賣的。他說，別以為這是什麼曠世奇書，不過是「韓非子集解」罷了。張銀昌說這本書的所有人，真是一位讀書人，書中從頭到尾都加註了密密麻麻的眉批，而且見解都非常獨到。現在要找到這類的讀書人，已經越來越不容易了。所以這是一本值得保存的書。

除了書以外，還喜歡些什麼？他說喜歡聽聽古典音樂，看看平劇，另外崑曲也挺喜歡的。每次來到店中，回家後第一件事，就是把收音機打開聽聽古典樂，收音機的頻道一定固定在台北愛樂。進行訪談當中，我們也注意到，收音機源源不絕流洩著古典樂靜謐、祥和的音符。後來，我們又談到他的其他興趣，比如平劇、崑曲，他說：「欣賞崑曲是需要多花一點心思的。因為它的唱工、動作皆極為細膩，更為精緻，比平劇更高一層次，也比較不容易看懂。」張銀昌說著他的興趣，我發現都是比較典雅的嗜好，不禁想起公園中扯著喉嚨唱那卡西的歐巴桑，一樣的快活、一樣的愉悅，卻是截然不同的嗜好，誰說不是「歡喜就好」呢？

網路書店

虛擬實像，網際飄書香

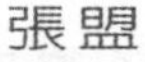

儘管全球近年來聖嬰到來、氣候反常、天地異變，但似乎都比不上新刮起的另一股電子風暴internet，其排山倒海之勢，在短短數年間籠罩全球，席捲各行各業，範圍從國防軍事到生活、藝術、科學、文學……等等，人們的想像力有多大，網路世界就有多寬廣，網際網路儼然繼報紙、雜誌、電視、廣播之後的成為第五大媒體，左右人們的食衣住行，乃至思想行為。在可預見的將來網路更將如影隨形，逼使人人「網路上身」！

然而網路世界卻又是一個新的殖民地，一塊美洲新大陸，因此不管是營利或非營利事業、民間或政府機關，各式各樣的網際拓荒者們，無不懷抱著理想，乘著internet的羽翼，在此無形無界的虛擬戰場上開疆拓土，爭逐網際，意圖為其事業體本身帶來利基，同時也豐富了網路世界，你我所見的網路世界是如此的繽紛多彩，其來有自。

以書店的經營為例，縱使無實體店面，網路書店Amazon（亞馬遜）仍然創下了1998年營業額高達6億美元的佳績，此一成功的範例鼓舞了台灣的網路書店業者；無視於「一千零一頁：好書的世界」、「書香網」等網站之曇花一現浮光掠影，新興的網路書站業者們

（見附錄I）依舊懷抱著拓荒精神前仆後繼的在網路上散佈著書香，為網路增添多姿的色彩。

這批網路上的初生之犢們相繼開闢了圖書相關網站，不管是以電子報型態發佈書訊或網路電台的書香節目、網路讀書會、乃至網路作家的出現等等，在在都讓這些遲疑、牛步的傳統出版業者對網路刮目相看，開始認真考慮「網路，一條通往全世界的道路，是否代表另一種無限寬廣的行銷通路？」。在此一趨勢之下各出版業者也一改過去的保守作風，開始在網路上架設屬於自己網站，探尋新的商機！

第一家網路書店「博客來」的開幕引起讀者廣大迴響，接著華淵的「書味頻道」以書籍連載為其策略，而「金石堂網際書店」正努力轉換其實體書店的成功經驗，老字號的三民書局也搭上網路列車，而光統圖書、敦煌書局、諾貝爾書城等雖設站，卻只在網站上行銷宣傳而暫不售書，誠品書店亦有心籌劃網路上的誠品之外（截稿前已在媒體上發佈消息，但網站還未架妥），其他出版社也紛紛體認到網路乃大勢所趨，相繼成立出版社網站，令人耳目一新!

這些民間經營的圖書網再加上政府的出版品，令目前網路上的書訊多如牛毛。而「全國新書資訊網」擁有新書第一手資料，可讓你搶先搜尋到新書相關資訊，包含書目查詢、新書預告、出版機構查詢、依性質類別的出版商連線、國際標準書號（ISBN）簡介及功能、出版品預行編目（CIP）簡介及功能等等。除此之外，書籍內容與其他介紹或評論等相關資料就不能再奢望了！

虛擬與實體之爭

新興的網路書店是否會挑戰傳統的實體書店的經營呢？一直是傳統書店業者的疑慮。首先認識一個新名詞「生態地位」，這是個生態學用語，意思是即使是在同一棵樹上，不同的高度間有著不同的鳥類棲息，不會相互競爭彼此的食物，因為它們演化出不同的喙形，而有不同的生態地位。正如電視發明後，廣播的魅力依然不減一般，網路書店的興起只會吸引更多的潛在愛書人的出現而已，他們可能在你我之間，也可能在遙遠的彼鄉；他可能是個足不出戶的書蟲，也可能是個只想把眼前的電腦當成購物中心的家庭主婦，所以網路書店的出現，不僅使人們因更多的便利性而加入買書的行列，也為社會創造了更多的愛書人，君不見internet的出現帶動了網路寫作的文學風潮嗎?

若要比較網路書店與實體書店的生態地位的差異，需先瞭解實體書店呈現的幾種型態：

1.小書店（或文具店兼賣一些書）：林立於街頭小巷，鄉間亦可見其芳蹤。
2.出版社自開的書店（自產自銷，行有餘力擴展勢力範圍也賣其他出版社的書，惠及同業）：規模大者如三民書局、東方等，或如正中、桂冠、聯經、唐山、南天、書林、天下，甚至只賣自家書的商務、世界。
3.連鎖書店（書店托拉斯，有些以開店為職志）：金石堂、新學友、光統、誠品、何嘉仁、永漢、紀伊國屋、展書堂、開卷田、幼獅、諾貝爾、墊腳石、敦煌。
4.個性書店（鎖定特殊族群，非彼等人士恐難鍾情）：台灣ㄟ店、女書店、雅途旅遊書局、校園書房、台灣福音書房。
5.二手書店（或是舊書攤）：光華商場、牯嶺街、各大學附近。

而網路書店亦可歸納成幾類：

1.出版社自設網站（礙於技術及成本，除少數一兩家，普遍來說規模無法擴大）：遠流、時報、九歌、林鬱、成智、聯經、允晨、前衛、農學社、聯合文學、五南、千華、張老師、幼獅、尖端等。

2.自實體書店發展出者（點的擴張有之，深入的書介或導讀等較缺）：三民、金石堂、光統圖書百貨、敦煌書局、諾貝爾圖書城、新學友。

3.發行商自設網站：黎明、農學。

4.整合性的網路書店：博客來。

5.著重特色的網路書店：台灣ㄟ店（台灣主題相關書）、十大書坊（小說、漫畫、雜誌出租店）、飛閱線上書屋（電腦書）、文華（圖書館學）、女書店（女性書籍）小書蟲童書坊（童書）。

6.網路商場中的附設書區：Acer mall、華淵。

7.官方的書香網：隸屬新聞局，早期有工研院電通所製作維護的書香網，後因經費不再而告停，繼之有行政院新聞局及台北市出版商業同業公會第七屆台北國際書展書香網。

8.原文書進口商的西書網：山麥圖書、台灣西書有限公司。

網路書店競爭優勢

網路書店的發展為讀者帶來許多便利，相較於實體書店，網路讀者就多了業者提供的多項服務：

1.線上訂閱，不必出門，直接在家收書。

2.無時間限制：一天24小時全天開放、全年不打烊，夜貓族最愛。

3.每本書的書籍介紹資訊詳細，且查詢方便。

4.不只有種類繁多的中文書，還有專業的原文書。

5.設出版社專區，可買到一般書局不賣的該出版社非暢銷書。

6.即使窮鄉僻壤、鳥不生蛋、書店不開的地方，一樣可買書。

7.購書可打折，國內還免付郵費，經濟實惠。

8.開放網路哈拉的功能，將讀書心得分享，更具網路氣質。

9.瞭解出版動態，意見交流，與作家溝通，並有讀書會的交流。

10.可以在海外訂購，不受時間、空間限制，上線訂書，方便至極。

11.蒐集了與書相關的廣播節目，不僅可看書，還可開收音機聽書。

12.選用信用卡（不必帶錢出門），或無信用卡者可用劃撥預存款項陸續扣款方式購書。

13.開放作家網頁，讓讀者與作家作雙向溝通。

14.不定期舉辦好書特賣會，超低價格，免出門扛書，郵差為您送書到府。

15.網路連載小說，上網看全文，書籍閱讀邁入無紙張時代。

16.開放線上雜誌閱覽，網路上看雜誌，方便。

17.與部分報紙專欄同步刊出，精彩文章先睹為快。

18.線上收取電子書訊，免除出版社龐大印製成本及寄送費。

19.無實體書店的空間坪效限制，不易銷售之書，在網路上仍有一席之地。

網路書店發展困境

屬性不同的網路書店，雖然可提供讀者各式不同服務，然因網路書店形式及經營手法不同，各家仍有其優劣。虛擬書店也許號稱無庫存管理，一心破除倉管與人力，但物流與客服是否妥善順利，仍然考驗經營者的能力。尤其虛擬的網路書店屬技術密集行業，而且橫跨電腦軟體及出版業界，書籍資料的蒐集處理、更新異動等工程龐大，若非深諳電腦技術、善於整合出版資訊，否則必定難以取得優勢。此外，架設網路書店亦需考慮經濟效益，小出版社獨自設站就像開個只賣自家書的書店一樣，投入各項開支及人力成本，對消費者來說吸引不大，招來的人潮有限。

至於經營網路書店面臨哪些困難呢？其犖犖大者：

1.資料整合不易。出版書訊的充實需靠時間累積，資料、內容豐富度更需龐大人力建制，諸如書籍導讀、書評、封面、相關訊息報導等，都相當費時費力。

2.郵寄成本大。郵寄一本書的處理包裝等成本佔定價二到三成，不符合書站的銷售效益。若是促銷特價，光是郵資就令人頭痛。

3.網路書店的興起不過近幾年，部分保守的中小型出版社觀望期過長，甚至在精打細算下覺得投資各項成本不划算而裹足不前！

4.環境因素限制。閱讀人口未必等於上網人口，網路門檻讓一些愛書卻謙稱是網路白痴的購書人沒門路。

5.網路頻寬限制，造成的網路壅塞，看著電腦傻眼的無奈。

萬事起頭難，環境亦是靠塑造而成。讀者的消費方式影響出版業，出版業提供的更便利購書方式亦能提高供需雙方的互動樂趣，落實雙贏策略。讀者唯有多使用網路購書機制，才能幫助網路書店更向前邁進。

網路購書方法

如果你夠幽默，或者真的是網路文盲，完全不瞭解電子商務的交易方式，也許你真會想像在網路上買書，就像自動販賣機或提款機一般，把錢塞進電腦的投幣孔

（如果你找得到的話），選到你想買的書，按下去！書就掉出來了。嗯！很有想像力，但也許要再過幾年，目前的網路購書還沒方便到這種地步！

雖然如此網路購書還是相當容易的，讀者可依照各家網路書店購書、付款規則，選擇使用信用卡或劃撥，而國內有信用卡線上交易的網路書店，基本上均採用SSL或SET方式直接收單，若消費者不放心信用卡資料在網路流通交易，就用土法煉鋼的郵局劃撥法，安全無虞，但較麻煩。

另類書訊媒體中心

網路書店扮演的不只是通路，它還可以是仲介、電子出版，甚至是書訊媒體中心。除售書之外，還提供免費書訊電子報，讓讀者在家輕鬆閱讀。

因著網路消息應有盡有，各式電子報的報導甚至可取代部分報章雜誌內容，書訊亦復如是。許多網路書店如博客來網路書店、遠流博識網、碁峰出版社等都在網上推出電子書訊，比一般習慣從郵差手上接獲的各出版社紙張型書訊還經濟又有效率。而除書店與出版社email的書訊之外，讀者亦可從「智邦生活館電子報」（http://www.url.com.tw）及「南方社區文化網路」（http://www.south.nsysu.edu.tw/sccid/welcome.html）、「台北1K NEWS」（http://www.1k.net/）等訂閱相當多書籍、藝文方面的電子報，甚至如《台灣日報》副刊提供的「台灣書舖網路通訊」。許多網路書店或非網路書店，都已陸續提供訂閱電子書訊的服務，讓愛書人不必出門逛書店，就獲得最新最快的書籍消息。

網路業者如雨後春筍，經營者無不卯足全力使出渾身解數豐富其網站內容，但不論網上有多少「書香」，受惠者都是網友，在經過時間的篩選下去蕪存菁，所能存在的書站無不是箇中翹楚，其所能提供的資訊也不單單只是書訊而已，盼望網友能在逛完色情網站之餘（或同時開兩個視窗），有空到這些書店去瞧瞧!去沾染一下書香氣息（或者說是去洗滌一下罪惡!），看到喜歡的書站就bookmark起來，下次去逛比較方便，更何況這些書站時有贈書抽獎活動，不用填寫任何資料，只要點選就能抽獎，何樂而不為呢?

法雅

揭開台灣「新消費主義時代」

曾經行腳至法國嗎？除了法國的文化歷史所造就出的優雅環境外，你還會發現街頭有間店，當地人說它是全法國最大的文化與科技產品技術的複合商店——它高掛著寫著“FNAC”四個黃底白字字母的大招牌，延續了現代法國一貫追求生活品質的精神——而現在，法國人又帶著FNAC進攻台灣市場了！

穿越時空　科技與文化並存

在歐洲四十五年來一向扮演著文化推手角色的FNAC，有了「法雅時代媒體」這個響亮的中文名字，在1999年7月浩浩蕩蕩於台北正式開幕，成為FNAC進軍亞洲的第一家分店。坐落於南京東路與敦化北路環亞購物中心地下一樓，賣場面積約1,000坪，室內設計由法國設計師將FNAC的精神由法國搬到台北，又加上一些不同以往的氣象：一進入口處，迎面而來的是大片熱情的紅牆掛上FNAC四個白色大型字母，給人激情而具衝擊性的第一印象；但隨著手扶電梯緩緩下降到賣場，一片冷靜的黑映入眼簾，讓激動的心情慢慢平撫下來。兩種鮮明的色彩在空間中對峙著，正符合著FNAC的企業精神——讓極度現代的科技感與穿越時空的文化感在空間中並存著。賣場內包括四大營業區：書籍雜誌區、音樂產品區、電腦通訊區和家電影音攝影區，除此之外還有影像沖印櫃台、FNAC空間、FNAC Cafe、攝影走廊、會員服務區和藝文售票櫃台。其中，書店區占了大約200坪的空間，雖然並沒有占去最大面積，但是整個複合空間的規劃與設計，卻符合一種新消費群的組合方式與行銷手法，尤其在它最強調的「消費服務」上，FNAC有著與以往書店不同的經營方式。

法國風味的浪漫遐思，行銷全球

在1957年於巴黎成立第一家店，當時創始者Andre Essel和Max There只是想共同成立一間理想中的商店，讓所有的會員消費者都能享受到低於市價15%～20%的折扣，而最初經營的項目只有照片沖洗及音響器材；並於早年率先成立實驗室，為顧客實驗自己所買的商品，並製成實驗結果報告之刊物，讓消費

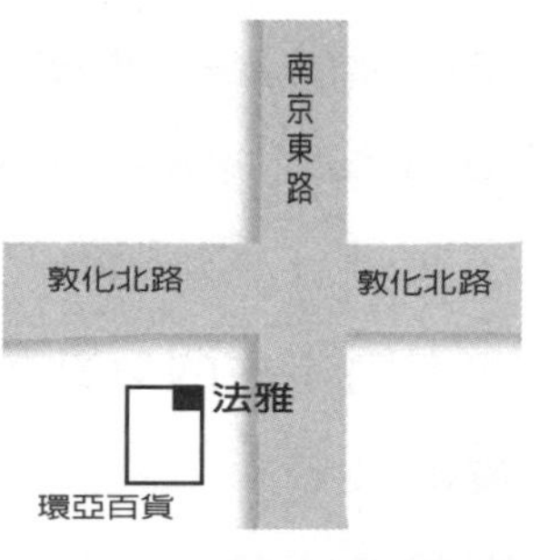

者享有商品新知，以做更好的購物選擇。接著隨著分店在巴黎及法國各地開始陸續開設，1974年開始販售書籍，所有的豐富商品選擇陸續隨之而起。1980年FNAC首次跨出法國的疆土來到比利時，成立國外第一家分店，並陸續在1993年及1998年，分別於西班牙及葡萄牙設立了分店。FNAC更在1994年成為法國最大的非食品零售事業集團PPR（Pinault-Primtemps - La Redoute）集團下的一員，這個舉動大大增加了FNAC的元氣，讓FNAC開始有更足夠充裕的資金與後盾，邁向跨國之路，將這樣帶有一點點法國風味的浪漫遐思，行銷全球。

你也許很好奇FNAC為什麼先到台灣，而不是先到東京、香港或新加坡？這是因為台灣近幾年在亞洲金融風暴中，還能擁有穩定微幅成長的表現；加上FNAC發現台灣的讀書環境，民眾接受度、生活品質與取向，都已經達到相當的水平。今年年僅32歲的FNAC台灣區總經理馮德（Christopher Fond）愉悅地說：「我很喜歡台北，我告訴他們一定要在這裡開我們亞洲第一家店！」「FNAC不只是一家書店，而事實上它也不是，它是一個複合的文化與空間賣場。」FNAC圖書部經理柯祺禾先生說。FNAC一向堅持不在非都會區設立，而FNAC所提供的商品項目極度符合都會居民的需求——滿足他們視聽上的享受，並為他們結合文化、休閒和娛樂生活。FNAC因此提出「新消費主義時代」口號，並且列出七大承諾：

1.給你最豐富的商品選擇。

2.由各領域的專業人員為你服務。

3.客觀的專業人員，隨時提供最佳建議。

4.您的滿意是我們的優先考量。

5.最合理的價格保證。

6.及時給你最新的科技動態。

7.尊重你的寶貴建議。

FNAC為文化活動塑造「獨特的整體性」

延續賣場空間的「活動空間」，承襲了FNAC的一貫風格，民運人士魏京生、電影導演盧貝松（Luc Besson）、時尚大師卡爾拉格斐（Karl Largerfield）、歌手艾爾頓強（Elton John）等，都曾在FNAC活動空間與大家一起分享交流。在台灣店開幕初期，由世界級攝影大師Man Ray的攝影展揭開序幕，陸續將還有300多位大師在這裡巡迴展出，各式各樣與電影、書籍、音樂或電腦、電玩軟體配合的演講、簽名會、座談活動，讓FNAC呈現出具有整體性的精緻文化風貌。

FNAC書區的走向，不同於一般書店以排行榜、促銷書、主打書為主要賣點，柯經理表示：「我們每個月依照該月的狀況，適時於書店主入口廊道前的書區，推出主題書展。」此外還提出「書蟲必啃」和「特書寶薦」兩種由門市精選的書籍，前者是同類型書之中的精選，後者則是配合活動、演講的時效推薦書。書區設有舒適的沙發，書架的設計與全世界FNAC統一規格。

FNAC最擅長挑選的書種為文學與人文兩大類，來自法國卻能說得一口流利中文的圖書部副理艾華堅定的表示：「法國文學也是世界的一大支，我們在台灣市場的需求下，順勢將法文書帶了進來。」她說，法文閱讀及學習人口在台灣有逐漸上升的趨勢，在台居留的法籍人士也越來越多，FNAC不惜成本將法文原文書籍空運來台，在開幕初期竟然銷售一空：「我們現在已經開始進行迅速的補書動作」艾華表示：「其實我們自己都有點意外，因為本來FNAC在海外開店的方向一向是要絕對的本土化，所以我們在開幕初期，我們只預估外書量占全書店的12%至15%，可是銷售數字卻遠超乎我們的想像。」她希望能夠在考慮市場銷售量的同時，又不完全為市場左右，因為「我們要有自己的風格，不要來到台灣就改變我們的初衷。」

FNAC人的要件：
好奇心、獨立性、愛讀書

FNAC書店對門市服務人員有一套獨特的用人方式和教育訓練，FNAC一再強調「以人為本」的管理方式，親自挑選每一位門市人員的艾華副理說：「我們喜歡對任何事物都有好奇心、獨立性也愛讀書的人。」所

招募到的門市人員依其專長與背景，管理不同的書區，也做所有Re-order的挑書動作，因為位居台北都會區，每個賣場服務人員的名牌上都標示著具「外語能力」，能說中、英、法三種語文以上的服務人員不在少數。這除了增強FNAC服務的優勢，也算是其特色之一。

FNAC網路書店：世界上最大法文亞瑪遜

面對網際網路的加速時代，FNAC在法國總網址上已經開始線上販售的服務。這個網站予人十分清新爽朗的印象，與店內呈現的風格一致。有人稱FNAC的網路書店是「世界上最大的法文亞瑪遜」——挾著這樣的實力，負責的柯經理表示，台灣分店在網路上的書務或整體的販售傳播，雖然目前還未上線：「但這一定是規劃中的一部分。」目前FNAC台灣店已經在電腦系統上運用了全世界零售事業管理的最先進的“Window NT”系統，這同時也是全世界第一套「可以隨時回報賣場銷售數據」的系統，FNAC也是目前第一家正式使用此套系統的書店！另一位書店副理譚白絹表示：「當初為了這一套最新的系統，我們花了相當多的心力和時間趕在開幕前建立完成，如今一切運作才剛剛開始，對我們來說的確是一項很大的挑戰！」

主導FNAC 發展方向的PPR集團，對於FNAC「貼近消費者」的經營理念十分有信心，將來預計在海外10個國家增加60餘個設定點，並計畫在西元2002年前在台灣成立5至7家分店。FNAC將以台灣做基點，放眼香港、大陸、日本和南韓的市場，繼續往「新消費主義時代」的目標前進！

有歷史的書店

- 正　　中　教科書、政府出版品的正宗
- 幼　　獅　塑造青少年休閒生活的樂園
- 世　　界　打開中國近代史
- 三　　民　領導社會，不被社會所領導
- 商務印書館　再為讀者開扇窗的百年老店
- 藝文印書館　中國古籍的孕育者
- 華　　正　反潮流而行

正中

教科書、政府出版品的正宗

王佩玲

介於衡陽路與漢口街之間的重慶南路一段，乃台北享有盛名的「書店街」，在這兒，每一步都會不小心錯過大大小小的書店。「正中書局」就在這條書店街的開始，位於重慶南路與衡陽路的交叉口上。

「正中書局」是家不折不扣的「老店」。民國二十年十月十日成立於南京，當初成立，帶有濃厚的「使命色彩」。「正中」這個名字，有個有趣的內涵：「不曲為正，不偏曰中」，正中書局當初的定位，聽說正是要「闡揚不偏左右的三民主義、發揚中華文化與啓迪民智」。而在過去的年代裡，正中書局的確也在文化傳承過程中扮演重要的角色。談到正中書局，總令人第一個就想到軍訓課本、各類教科書……。沒錯，正中書局在很長一段時間裡是以出版各類教科書為主要業務，其中又以法政類為主。「過去沒有出版社願意承擔編輯教科書的成本，加上那時民生不富裕，為了讓每個學童可以負擔起教科書，正中書局幾乎是以賠本的方式花費心血製作出一本本的教科書……」為我們介紹的周小姐指著架上的教科書娓娓述說，雖然，它們也已漸漸乏人問津了。「現在許多人喊著教科書要開放競爭，這是對的，但是當初這種殺頭的工作只有正中願意接，我們面對潮流無法抗拒，但也希望大家記得正中曾經這樣一路走來。」

除了教科書，正中書局擁有一項特殊的業務，即「政府機關出版品」。步上正中的三樓，映入眼簾的是一排排的政府出版品。上從中央層級的行政院各部會，下至大大小小的地方基層單位，正中書局擁有許多政府機關的寶貴資訊。包括市政、歲入、機關業務等各種記錄書刊，不時會有需要資料的研究人員、一般民眾前來打聽。政府機關出版品，目前正是正中書局銷售的主力。

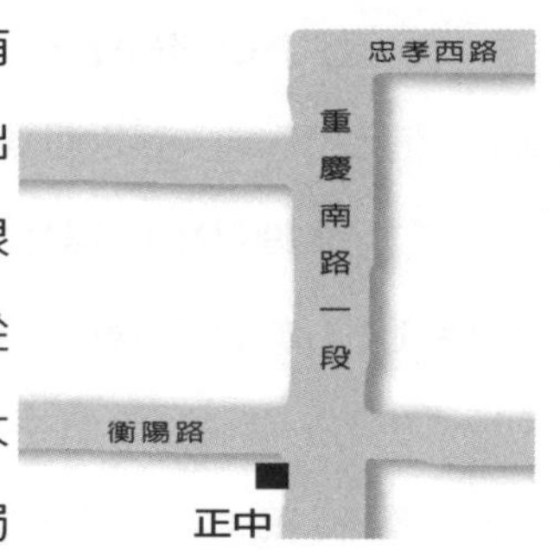

如同許多「招牌老店」一般，連鎖複合形態書店的興起，帶給了正中很大的衝擊。習於逛逛重慶南路這條書街的人們，在1999年的春天，將驚覺正中的改變。重新整裝後的正中，撤換了原有的剛硬招牌、引進了許多非正中出版的流行出版品，並且有模有樣的規劃出小小的咖啡bar。「書香與咖啡香」，似乎是個流行的結合，正中是否適合選擇這條道路，將由消費者在未來為其評判。目前的正中，除了三樓維持原有政府出版品，以及正中出版圖書專櫃；其餘樓層，擺設許多流行書刊，包括了雜誌、各類叢書及各式參考書。二樓設有書香咖啡區，供讀者休憩賞書。行政改革要求正中書局在門市上自負盈虧，使其面臨「轉型」的壓力。老一輩的正中人，仍對書局存有強烈的使命感，背負了二、三十年的十字架，他們認為正中書局應該將「文化建設、心靈導向」的使命繼續扛下去。然而，面臨商業化競爭的壓力，新一代的接班人，沒有一路走來的情感，「正中精神」是否會繼續堅持，我們無從得知。

幼獅

塑造青少年休閒生活的樂園

蘇秀雅

幼獅位於重慶南路上靜僻的一角，或許你在逛重慶南路時常常會忽略這家書店。其實它和你、我的淵源頗深。還記得高中軍訓護理課本嗎？灰灰綠綠的封皮上，有隻類似獅子的標誌，沒錯，這就是幼獅出版社的當家標誌。看倌可不要小看這個標誌喔！它可是小有淵源的。當初設計者是以「幼」字古字為構想，設計出象徵獅子的圖形，利用簡潔有力的線條，充分表現出幼獅的年輕活潑與朝氣蓬勃，而幼獅的音譯“youth”即是年輕的意思。

幼獅出版社成立於民國47年10月10日，隸屬於救國團旗下，因此出版社成立的宗旨十分明確，即以服務青少年為出發點。所以不論從幼獅的出版品，甚至出版社的標誌，都在在看出所欲呈現「服務青年」的精神取向。除了出版事業外，幼獅出版社更延伸觸角，成立了門市部門，除了推廣自身出版品之外，也希望能提供青少年一個正當的休閒場所，為廣大的青少年服務一直是幼獅始終不渝的目標。

踏入幼獅出版社，您會被牆上斗大的「青少年休閒娛樂旅遊的園地」幾個字所吸引。書店內寬敞的空間搭配上黃色系的裝潢，呈現書店內明亮、年輕的風格。環顧書店內陳書，主要區隔為三大類，一為休閒旅遊用書；一為婦女生活；另一為幼獅自身出版品。其中在休閒旅遊用書部分陳列十分豐富，國內國外旅遊用書皆有，並有許多戶外活動所需的工具書。但美中不足的是陳列方式略嫌雜亂，且多為較早期之著作。在幼獅本版品方面，除了原有的救國團出版品、教科書外，已呈現多元化的取向，觸角延伸至藝術、心理、休閒娛樂各領域，幼獅希望能以寓教於樂的方式，讓讀者有耳目一新的感受。

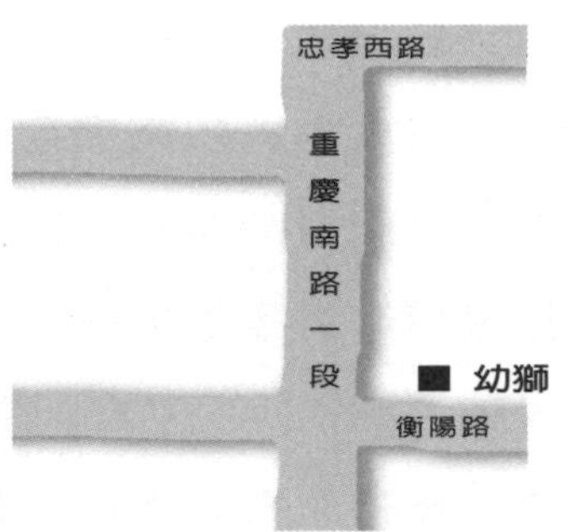

據衡陽店副店長高魯棟先生表示，由於書店位置並不在重慶南路書街的主要動線上，來往人潮並不多，因此幼獅必須以服務的熱忱來彌補先天的不足——幼獅強調，在本店訂書將比在連鎖書店訂書的流程簡便許多，希望藉此以達服務讀者的目的。民國87年後，幼獅出版社並嘗試主動出擊，多次替本版品舉辦新書發表會，希望能將幼獅的名聲打進一般讀者群中。高先生表示，展望未來，幼獅書局希望能成為青少年休閒娛樂的專賣書店，並出版帶領青少年流行趨勢的書刊。

走出幼獅書局，我們可以看到它從原本黨營色彩濃重的組織，在遭遇新世代書店間的激烈競爭之後，急欲擺脫傳統的束縛、打破一般人刻板印象所做的努力。不斷嘗試建立屬於自身特色，期有別於其他大型書店。幼獅出版社與幼獅書局希冀能以更創新的經營理念，實際融入青少年生活之中，營造出一個屬於青少年休閒娛樂旅遊的園地。

世界

打開中國近代史

蘇秀雅

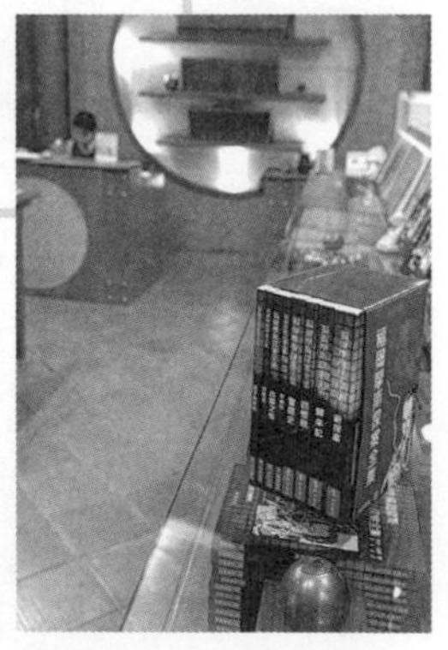

順著重慶南路往火車站的方向走去，一間美麗的書局坐落其間。它沒有花俏新穎的裝潢，而是以墨綠色作為全店基調，配上穩重、大方的原木裝潢，加上天花板上垂掛下的中國式燈籠，不大的空間呈現出的是古色古香、極富中國味的視覺效果，這就是重慶南路上最美麗的書局——世界書局。

對於年輕的一代，世界書局的名字或許陌生，但是世界書局的歷史猶如一部中國近代史。民國10年新文化運動正方興未艾，李石曾、吳稚暉、沈之芳及張靜江四位先生在上海成立了世界書局。當時的中國急欲擺脫舊時代的窠臼，在文學上推廣白話文運動，在文化上擁抱西方近代文化，當時的世界書局在這種時代風氣之下，不僅首先將西方的偵探小說、休閒文學翻成中文引進中國，並曾以月刊及周刊的方式連載過西方的偵探小說——對於當時白話文學的普及，世界書局的貢獻可是不容小覷。民國36年時，世界書局出版了中國第一套由朱生豪先生主譯的莎士比亞全集，這套大部頭的翻譯劇本對後來的文學藝文界影響甚鉅。

當年的世界書局，在成立不到數年的時間內，即在中國各省都設有分局，規模之大恐怕連今日大型的連鎖書店都相形失色。在轉遷台灣後，世界書局繼續致力於文化建設的工作，早期除了出版各類教科書、大專職校參考書外，並於五〇年代起，由楊家駱先生擔任主編，廣泛收集珍貴史料，有系統地整理中國古代學術名著並出版，藉此得以將許多古籍最珍貴的版本保存下來。當時並以「間日一書」的規模，出版這些中國學術名著及古典文學長達三年多之久，這項紀錄至今仍是沒有人能打破。另外，可千萬不能忽略世界書局另一項輝煌的紀錄，那就是在民國74年時，世界書局和故宮博物院合作，出版了世界上唯一一部《四庫全書薈要》。另外，《永樂大典》是世界書局搜羅散失於海內外各地的史料彙編而成，不僅榮獲金鼎獎之殊榮，在文化傳承上更添美事一樁。

邁入九〇年代，世界書局面對新世代的來臨，在出版品種類及書店經營方向上做了大幅度創新。在出版品種類上，除了齊全的中國古籍外，並增加較軟性的人物傳記類及政治情勢分析等書，使讀者在選擇的空間上大大的增加；在書店的經營方向上，世界書局配合網際網路時代的來臨，已設有專屬的網站，讀者們可以從網站上獲知世界書局的歷史以及最新推出的活動訊息；它更積極參加國內外大型書展，如台北書展、新加坡書展等等。世界書局並走入校園，在台北縣市多所大學院校舉辦演講及書展，從輕鬆、活潑的角度介紹世界書局的出版品，希望能藉此吸引年輕一代的讀者。

隨著時間的推移，世界書局在不同的世代中扮演著不同的角色，但永遠不變的是其對文化傳承所抱持的責任及堅持。當中國急欲走出傳統之時，世界書局在引進西方近代文化及啓迪民智上扮演著先驅者的角色；而當中國傳統文化日趨式微的今天，世界書局仍就在此，負起「為往聖繼絕學」的艱鉅任務。下回當您經過世界書局時，別忘了停下您的腳步，進去看看喔！

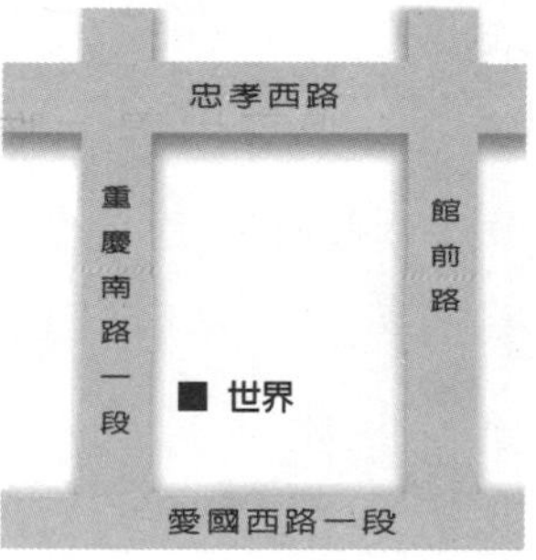

三民

領導社會，不被社會所領導

王佩玲

三民

在衆多歷史悠久的書店當中，三民書局可以說是自己走出自己的風格。許多歷史悠久的書店，由於時代背景的因素，在政府剛到台灣的時候，肩負起文化傳承的使命，接手大量翻印古籍的工作。於是，即使至今，那些經營已數十年的書局，往往仍持續著與編纂古籍相關的工作，即使有其他出版計畫，也多往精緻、小格局的方向發展。而三民書局，創始於民國42年，目前已儼然成為數一數二的大型綜合書店了。

別以為三民書局是有什麼特別的黨政背景喔！一般人聽到「三民」這個名稱，往往便聯想這家書局與政黨有什麼關係，其實，三民書局是個私人投資的出版事業，目前，東大圖書公司、弘雅圖書公司都是其關係企業。常逛書局的人都知道，三民書局最多的出版書目在於法政方面的叢書。許多最熱門、重要的法律、政治書籍，都是三民書局出版的，這和三民成立的宗旨有關。在三民成立之初的臺灣，一切都在百廢待舉的階段，本土出版事業尚不見發展，讀書人頗有無書可讀之苦。有鑑於此，三民書局決定由法律書籍做起，四十年下來，有了今日的地位與成就。

三民書局的出版理念在於「領導社會，而不是被社會所領導」，強調出版重點不在流行時尚，而是經過規劃、可以帶領社會發展方向的出版品。朝著較多元的發展方向，出版領域普及社會科學、自然科學、人文藝術各領域；近年來，更將發展重心投入「工具書」的編纂。這樣的發展，自然將三民帶入不同於其他古老書店的境界，三民書局跨出走向普羅大衆的第一步，成功地擴展了經營的觸角，卻也失去了小衆的一些天地，當然，這是很難去評價的。走向綜合性書店的三民書局，選擇了和其他古老書店不同的路。面對未來更大型、多元的複合式書店的挑戰，三民書局的未來，勢必還有一場革命在等待著，就讓所有愛書人拭目以待吧！

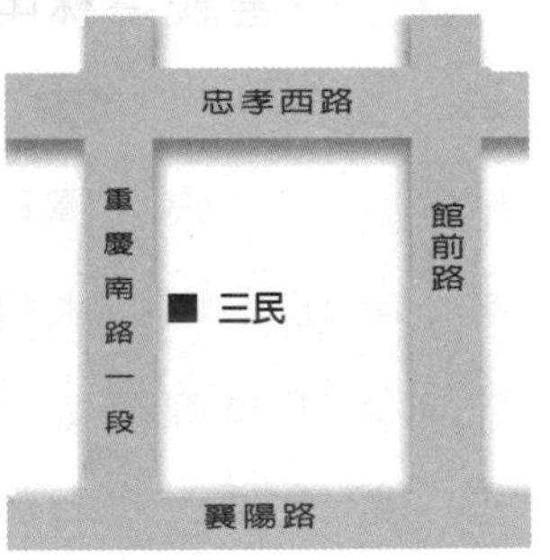

目前的三民書局，編輯與門市兩大部門均蓬勃發展，擁有重南店與復北店兩個超大型賣場。門市營業面積合計近千坪，收藏圖書近15萬種，號稱台灣首創的「圖書館式書店」。在此分別對此二門市作一簡介：

1.重南店：三民書局的重南店，是許多台北人所熟知的。重慶南路店分別在民國78年及82年歷經兩次整修，也從二層樓擴展為三層，全店重新裝潢，並加設電扶梯、開闢讓兒童可脫鞋進入的讀書空間等。從草創階段的狹隘擁擠，逐漸改裝成寬闊而舒適的文化空間，符合其「圖書館式」書店的理念。

2.復北店：三民書局於82年7月因業務擴充，原有辦公室已不敷使用，便將編輯部從重慶南路一段舊址搬遷至復興北路386號十一層樓高的文化大樓，並在此成立第二家門市。復北店坐落於商業金融區，此區辦公大樓林立，因此三民希望在冷漠金融叢林中扮演溫暖人心的角色。經過復興北路，可千萬不要錯過三民書局，一進大門，三層樓高的水晶吊燈，就值回票價啦！三民在每一層樓都放置座椅，下了班，這兒的確是心靈休閒的好去處。

商務印書館

再為讀者開扇窗的百年老店

王佩玲

即使是書店，也逃不過政治的力量。在台灣，許多歷史悠久的書店，發源地往往在海峽對岸，商務印書館也不例外。商務印書館創始於民國前15年的上海，當時的發起人皆為排字工人，認為與其寄人籬下，不若自立門戶，於是合股四千餘金，創辦了商務印書館。商務印書館創辦之初，所承接業務，均與印製商業紀錄、票據、收據及其他文具紙品等有關，因此名之「商務」。民國37年，商務印書館台灣分館開幕，39年申請登記改稱臺灣商務印書館，目前的商務印書館已有百年以上的歷史了，從過去到現在都屹立在重慶南路相同的街角上。

提到商務，老一輩的人們第一個總是想到「人人文庫」。「人人文庫」是王雲五先生在民國55年（也是大陸文革發生的同一年）主編的一套綜合性知識叢書，其大小相當於現在的口袋書。十九世紀中葉，英國人人叢書（Everyman's Library）以字小行密，輕其成本，價廉而內容豐富著稱。王雲五先生為普及供應青年知識，略仿其例而編印了這套人人文庫，內容從文、史、哲至農、工、醫，包羅萬象，對提昇當時知識水平有相當影響。「當書店的大門推開，我自然地抬頭往右面牆壁看，陡然之間，那些被選註在國文課本裏的作者（尤其是先秦諸子），以一種高倨的姿態俯瞰揹著書包的我——原來，老先生們都是真人真事，他們就活生生地呼息（原文中的詞）在這片書牆之上——有的是單號，有的是雙號，有的是特號……。我的八〇年代是從認識商務印書館開始的。對於一個在思想上準備走向探索之路的年輕人來說，它的意義首先在於開啓了一扇通往學術領域的大門，大門裏面的世界將非常不同於現實生活。」一位當時的讀者憶起商務時如是說到。目前，這些人人文庫的書籍，依然佇立在商務印書館右面高牆的書架上，有機會到商務走走，瀏覽人人文庫，陳年的紙張味兒，似乎可以嗅出當年學子來往於商務的蹤跡。

位於重慶南路的門市，與其說是書店，「展銷中心」可能會是個恰當的形容詞：「我們的門市只陳設我們的本版書，目的是讓人們認識我們商務的出版品，提供顧客詢問、訂書的服務，不是為了行銷。」接受訪談的王副總這樣說到，當我問起是否要改變經營形態，和九〇年代興起的連鎖複合書店一較高下時，王副總笑著說：這不是商務要走的路。的確，細細觀察陳列在架上的圖書，你會發現，一半以上的比例都是冷門或早期的出版品、舊的人人文庫、展示的四庫全書、各式早期工具書等等。商務許多出版品，需要長時間來保存它的價值，這點與其他書店往往因出版品跟不上時效性便撤架的策略不同。商務印書館出版品的風格，受到王雲五先生很深的影響，多是實用性、知識普及性的書籍為主。即使是最新的精選書目，例如中國古代社會生活叢書、中國文化史知識叢書，都充滿這種味道。目前商務的經營策略，乃採傳統與現代並進，希望在70%出版營利書冊的同時，能以30%的成本，繼續出版承續過去價值與商務傳統的書籍。而針對「現代化」這個出版趨勢，商務推出了open系列，內容以翻譯作品為主，配合時髦的設計與行銷，試圖打進新一代的讀者群。就如同open系列的宣言；「當新的世紀開啓時，我們予以開闊……」(When future opens to us, we open ouresIves.)，我們深深期待商務這家百年老店，再為知識界開啓另一扇窗。

藝文印書館

中國古籍的孕育者

王佩玲

中國古籍孕育者：藝文印書館

羅斯福路三段上，一方位於四樓的小天地，正默默孕育著中國文字學的生命。熟悉中國文字學的朋友都知道，藝文印書館乃台灣在中國文字學上的出版重鎮。其出版事業深受創辦者嚴一萍先生之影響。由於家學淵源，嚴一萍先生在當時仕林中，有相當之地位。38年後輾轉來台，並不時往台灣大學研究室、中研院歷史語言研究所請益。民國41年，嚴一萍先生為了文化傳承的考量，在台北設立了藝文印書館，寄望能使中國文字、古籍更為推廣及保存。在藝文剛開始的年代，嚴一萍先生集籌編、校、印等工作於一身，許多藝文的經典之作，如《陸宣公年譜》、《殷契徵醫》、《甲骨學》、《甲骨斷代問題》、《甲骨古文字研究》等，都是由嚴先生親手完成。嚴一萍先生並推出《中國文字》期刊，這是國內第一部文字學期刊，提供海內外文字學者論戰切磋的空間。提到「中國文字」，至今仍是藝文的一大驕傲。

除了文字學，藝文印書館在各種古籍的出版也占有一席之地。走一趟藝文，不但各種經、史、子、集書本，種類齊全令你目不暇給，線裝書籍更是它一大吸引人之處。習慣了現代印刷的讀者，不妨來這兒看看，體會手工線裝書籍帶給你的驚喜。友善的門市小姐，娓娓述說著藝文一路走來的艱辛：當年手工打洞、縫線的過程，拓印時，編輯人員累壞了眼睛補著漏缺的字體……，不禁令人佩服藝文始終堅持的使命感。運氣好的話，也許你可以在這兒遇上偶爾來藝文顧店的嚴太太，一起聊聊對於文字、古籍的想法，甚至追憶嚴一萍先生的生平軼事。

目前的藝文，面臨著和許多歷史悠久書店一樣的轉型問題。不同的時代背景，使得藝文過去出版的重點漸漸變得冷僻，雖仍堅持出版古籍的理想，卻也得為未來的營運著想。近年來，藝文嘗試出版現代的翻譯書籍，寄望藉此能開拓另一條出版路線，並支撐著原有的理想。目前的規劃是以科普類翻譯書為主，並減少過去大手筆的出版量，改以精緻、重點的方式出版。

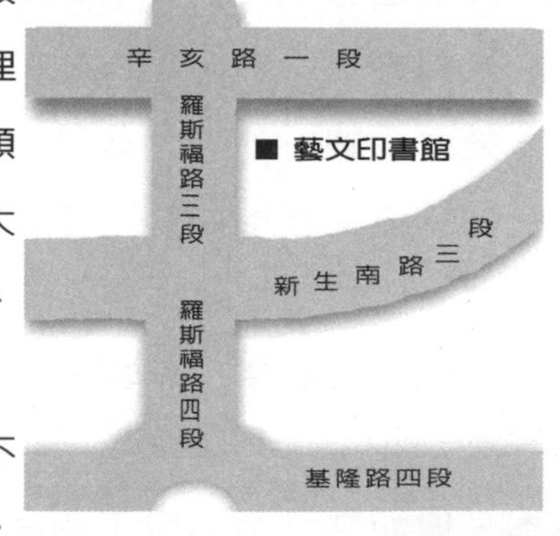

藝文和顧客的互動，不在於賣場上的展售與推銷。

許多藝文的顧客，都是數十年以上的老主顧，拿著書單直接指明要貨的。由於他們的支持，也使得藝文更願意堅持其所選擇的道路。出版對於藝文來說，不只是職業更是一項使命。

華正

反潮流而行

您對書店的印象為何呢？是不是應該都有明亮的燈光，偌大的空間中排列整齊的書架及站著閱讀暢銷書的人們。那麼，位於和平東路及羅斯福路口的華正書局，必定會打破您對書店既有的刻板印象！踏入華正書局，您或許會驚訝於它的陳舊與雜亂，您會懷疑自己走進的是家什麼樣的商店？滿地堆滿尚未拆封的書，老舊的天花板，舉目所見似乎很難和書店聯想在一塊。但是華正書局的確是不折不扣的「老書店」。

華正書局成立至今已有五十幾個年頭，年逾八十的鄭老闆，基於自己對中國文化的熱愛及對傳統文化傳承的使命，六十年前在大陸時即已投身出版業，來到台灣之後仍繼續在文化出版界貢獻一己之力。這六十數年的歲月，華正書局廣聘學者編纂文史類用書，並努力蒐集珍貴的善本書加以出版，多少莘莘學子因此而受惠。另外，由於鄭老闆本身對中國書畫頗有研究，從華正書局的出版目錄中，可以發現藝術類、書法碑帖及畫冊等出版品占了相當的份量。在這裡，您可以尋覓到許多古今名人的碑帖畫冊，如文徵明的《拙政園詩畫冊》、懷素的《草字千字文》等等，許多中國書畫上的珍貴作品，因此而得以流傳。喜愛中國書畫的您，華正書局猶如一座寶庫，正等待您的探訪。

可惜的是，從民國85年起，華正書局就已經不再出版書籍了，而以出清現有的存書為主。鄭老闆感慨地說：「現在的年輕人都不讀書了……」。看著現在紅遍大街小巷的寫真集及漫畫書，年輕人盲目地崇洋及媚日，對所謂「中國文化」的體認及瞭解和鄭老闆年輕時兩相對照，可說是大不如前。面對這大環境的改變，行事獨特的鄭老闆採取的是消極的應對，堅持不打廣告，不改門面，不以任何的噱頭招攬讀者，而是以出版品豐富的內容作為華正書局唯一的賣點。鄭老闆就猶如現代失意的文人，面對傳統文化的式微，以其一己之力，發出不平之鳴。

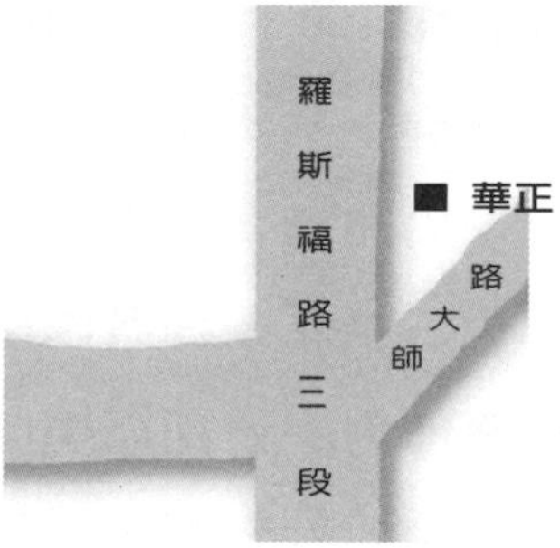

在採訪過如華正、世界及藝文印書館等歷史悠久的書店，發現這些「有歷史的書店」共同的特點之一，就是無論大環境如何的變動，經營者自有其一貫的經營理念，即「不以營利為優先」，而是真正為台灣的文化事業負起傳播及教育的工作。但是，在這場新世代的書店競爭賽中，面對大型連鎖書店挾勢而來，同業中資源豐富者如

正中、三民等，老書店究竟有沒有足夠能力去面對及調整書店的走向？勢單力薄者如華正書局，沒有組織健全的人事，沒有所謂的行銷企劃的運作，有的只是年紀老大的老闆那一顆固執及堅持的心；如此，令人擔憂的正是像華正書局這樣的老書店，也許終將淹沒在資本主義競爭的洪流中，轉眼間被歷史遺忘。

地方代表性書店

桃園諾貝爾

兼具聯盟，又不失靈活的折衷經營體系

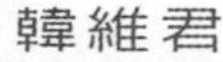
韓維君

這是一家綜合性書店，一共有五層樓：一樓販售暢銷書、名作、文學類書籍、旅遊書、雜誌；二樓販售兒童書、語言類用書、食譜；三樓販售文具、美術用品；四樓為工業書與考試用書；五樓是電腦書、電腦軟硬體、周邊耗材；六樓為庫房。員工編制維持在15人左右。營業時間自早上9點至晚上10點。全年不休假。店長林美珍說，諾貝爾的特色是書種齊全，尤其是工業書部分，甚至有些客人專程自台北來這兒尋找的。諾貝爾採取不打折、不辦卡方式經營，只有在書展時才會對部分書進行折扣。全省的諾貝爾書城有許多家，但並非隸屬於同一個負責人。以下訪問到諾貝爾桃園分店業務經理商書銘，談談他個人的經營手法。

把旅行業的經營手法帶進書店業

由於商書銘之前從事旅行業，當他決定將生涯規劃轉型到書店業時，便把旅行業的手法帶進書店的經營中。旅行業相當具有時效性，而現今圖書出版業也非常講求速度，因此兩個業界的移轉不會有什麼突兀之處。一本新書大概有一至一個半月的銷售高峰期，接下來就是衰退期。這種特性與旅遊產品很類似，但是旅遊產品有三個階段：起始、中段與高峰、衰退期。但是暢銷書只有兩個階段：「高峰」與「衰退」。商經理把旅遊業要求「速度」的特性帶進來，和出版社談好合作後，便開始做行銷的動作：「我們曾經嘗試作異業結盟，如跟可頌坊合作，購滿多少金額送點券。禮品方面我們也與廠商配合，對於有時效性的商品比如學生手冊等，如果過了銷售高峰期還有庫存，就可以做促銷活動，比如購書滿250元再加30元就可以擁有一本學生手冊。我們不傾向折扣，而是以附加的方式作促銷。」因為他認為，就是因為「折扣」才造成整體利潤下降，「我們評估過，台北重慶南路與高雄台南的書市商圈，八五折是最底限，我們不願意加入這個折扣戰，更進一步的作法是，我們自詡要在桃園中壢商圈中帶頭做出維持利潤的動作。所以我們在桃園的三家店也儘可能維持這個水平。這也是諾貝爾總經理希望維持的目標。」

諾貝爾書城經營史

諾貝爾書城的歷史，是自民國69年在桃園市成立桃園書城後，72年又成立文化書城，之後又成立諾貝爾桃園中正店（一店），位於地下一樓，占地約280坪；諾貝爾桃園二店（中山店）一共兩層樓，二樓陳列文具禮品，一樓是圖書。隔一個月後，就成立諾貝爾中壢店。後來桃園書城在中壢店開了之後，因人力問題而結束營業。「文化書城是總經理發跡的第一家書店，又是他自己的置產，因此他希望維持文化書城這個名稱不要改變；另一方面，他認為諾貝爾書城應該規模統一在250坪以上，文化書城坪數較小所以不需改名。」總經理認為，諾貝爾書城應該是一個點穩固後再去開發另一個點，所以起初並沒有開「連鎖書店」的觀念，「到現在，我們在拓點方面還是採取一個比較保守的方式，我們希望先加強人事管理的訓練再考慮這方面的需求。除了希望站穩腳步再拓點的想法以外，還因為我們的經營者與墊腳石的老闆是親戚，所以之後開拓的點都叫做墊腳石，不叫諾貝爾。我們在墊腳石也占了股份。」

諾貝爾書城在許多地區都有分店：台中目前有9家

諾貝爾書城，分散在沙鹿、台中市區等地：「我們雖然都叫諾貝爾，但經營權與管理方式都是獨立的，分店之間許多政策存有互相交流的情形。我們計算過，全省諾貝爾書城中，與我們配合度比較高的約有26家，如果單只算掛諾貝爾與墊腳石招牌的就有32家，這些店的經營者多有親戚或朋友關係，而台中的諾貝爾的起源是中壢的文化書城。」而現在「諾貝爾」的商標權是在台中諾貝爾陳董事長的手上。

商書銘說，他們現在一直努力與大型連鎖書店做區隔：「比如我們設有查書台，提供顧客諮詢服務，如果這本書我們店中沒有，我們可協助顧客訂書，儘量做到人性化的服務。」他想，這可能是連鎖書店比較缺乏的，他們會做但可能積極度不會太高。「我們分析的結果，是他們的總管理處離每個分店都太遠了，行政管理無法統一。」他評估大型書店對以傳統方式經營的書店造成的最大衝擊，就是在新書和暢銷書上，「因為他們可以利用大量買進的手法壓低價格，也可以利用書展做促銷，但是我們的特色是在工業書與高普考專用書籍上，讓顧客自己區分書店的性質」，「因為這些書種需要我們主動向上游廠商爭取，我們必須篩選或加強哪些書種，屬於比較專業的領域，需要人力投入。如果顧客已經習慣在我們店裡購書，也許他也會順便帶幾本新書暢銷書回去，這是一種集客力的問題。」

商書銘表示，諾貝爾比較少辦促銷活動，但卻常常和桃園中壢這邊的社團或讀書會合辦活動，許多機關團體，如學校圖書館方面採購的量也比較大，「最近據我觀察，我們這一區出現一種走向特約商店的型態，像科學園區許多企業會來洽談這方面的業務，目前我們也在評估當中。」目前出版界一年的發行量為一萬兩千多種，平均起來一個月有兩千多種，進到店裡來的大概有八百多種，這麼大的進書量對書店其實是一大困擾，因應這種情形，目前最需要改進的就是表格化的管理—「這個方法是我從旅遊業帶入的，我還從旅遊業學習到很重要的一點，就是人際相處的重要，『人性化』的管理方式是非常重要的，如何做到人性化？經常是在於技巧和方法，必須要掌握住。這也是我時常和店裡幹部分享的，我們在電話中如何讓顧客留下好印象，如何解決問題，與廠商的接觸也需要良好的溝通技巧，這都是我在旅遊業學習到的重點。」商書銘讚美誠品是一個理想書店的標竿，早已建立起自己的風格，又能配合各地不同的風土民情，穩紮穩打，深得民心，他說這也是他目前追求的目標。

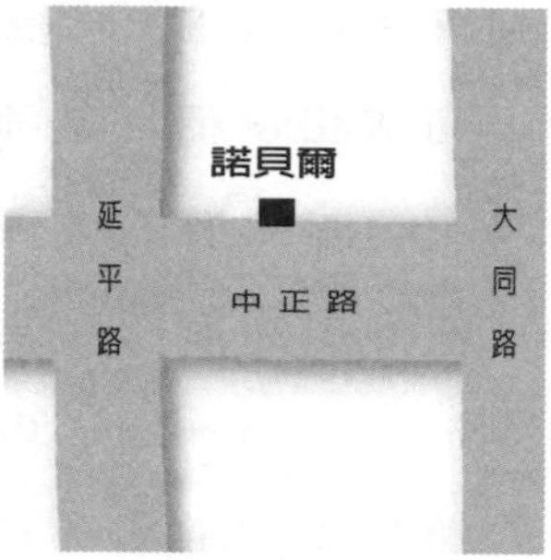

兼具聯盟又不失靈活的折衷經營體系

聽起來有點複雜的「諾貝爾」「墊腳石」「文化書城」發展體系，在商書銘的解說下成為一片緊密交織的經營管理網絡。其實這種傳統的家族經營模式早已存在，可說是現在加盟經銷的前身。但是在網絡中的每個個體，又是獨立發展的，各有各的經營策略。因此可說這是一種兼具聯盟又不失靈活度的折衷經營體系。商書銘認為這種方式有著「加盟經銷」的優點，卻沒有體系過大所帶來的相關問題：「決策的速度可以很快，各店的策略可以交流，但卻不一定需要照章辦理，我們還是可以有我們的自由度。」這一點跟企業作法不同，「但吃虧的也在這兒，我們無法像企業一樣一次談一個大的案子。」比如金石堂可以和出版社講好，一本新書先試賣一個月，如果銷售情況良好，它可以用大量買斷的方式，在市場上做出八折的動作，「我們認為這個折扣非常具侵略性，我們不可能這樣做。」商書銘認為，金石堂運用80/20法則，用80%的商品去創造20%的利潤，但是諾貝爾還是固守本位，儘可能不創造任何明星商品，把這種獲利機會分散掉。總的來說，諾貝爾書城的經營特色是在平穩中求發展，屬於傳統台灣本地產業的典型性格。

新竹古今集成

挑戰極限，勤奮不倦

韓維君

新竹市的古今集成在開幕之初是當地賣場最大的書店，共有300坪。一樓為書籍雜誌區，種類可分文學、理工科技、電腦用書三類。二樓以參考用書為主，輔以社會科學用書；文具用品亦為銷售重點。二樓同時也是兒童圖書天地，書店負責人黃德泉表示：在這一區，特別注重書架的安全設計，造型可愛的座椅與洋溢童真氣息的海報設計，吸引住小朋友的注意。三樓以禮品為主，另有約30坪的電腦資訊中心，可供開設課程。此外，還有另一個30坪的咖啡廳，提供員工與讀者一個休息的場所。古今集成在新竹地區開創許多當地前所未有的經營風格，如自行研發一套書籍條碼系統，以便管理書籍之進、銷、存；在店內開設資訊教室及賣咖啡，為後起的書店經營立下典範。

一部高潮迭起的創業史

站在火車站前，望著熙熙攘攘的人群，努力搜尋書店的招牌，果不其然，目的地就在前面不遠處。成立於79年10月10日的古今集成書店，在新竹火車站前的中正路上，書店負責人黃德泉有著動人的生命經歷，聽他說經營書店的經過，就像是看一部他個人的自傳，真箇是高潮迭起、引人入勝。

民國43年出生於苗栗縣南庄鄉的黃德泉，生長在一個收入微薄的礦工家庭，父親收入有限，母親必須到工廠做零工貼補家用；他至今還記得五歲時，經常在夏夜裏引領企盼母親下工，踏著夜色歸來的情景。他在南埔國小就讀時，以第一名的成績考上離家16公里遠的竹南初中，黃德泉每個月99元的汽車月票錢，常常是母親向親友借貸而來的。因此他早就感受到生活的壓力，所以經常利用假日打工，很早就能自食其力。

升上竹南高中後，他很喜歡國文科，曾獲論文比賽第一名；但是高三時卻因為心理壓力過大而聯考落榜。隨後他當過板模工人、綑工……等，在自覺升學無望與兄長病逝的雙重打擊下，一度過著黯淡消沈的日子，現在回想起來，不勝唏噓。所幸沒有做出傷天害理的事，但卻常讓母親傷心落淚，叫他深感愧疚。二十二歲進入台北五南出版公司擔任校對，是他一生的轉捩點。他說那時天天校稿子，老闆就坐在旁邊，他得拼了老命趕上進度，把眼睛都給弄壞了。「我的老闆是二十歲就高考及格的台中師範畢業的老師，我那時才高中畢業，程度哪趕得上？」在五南十年間，他熟悉了出版公司所有作業流程，並利用到各地收帳的機會，在全省結識了許多書店經營者，也遇到許多苦學有成的朋友，帶給他很大激勵，也奠定他自我開創事業的基礎。

難能可貴的是，從民國68年開始，黃德泉連續三年報考大學夜間部，都告落榜，父母親勸告他不要再考，母親找相士算命，也說他仍然上榜無望，但是他仍然排除一切阻力準備應考，終於在二十九歲時考上文化大學新聞系夜間部，此時距他高中畢業已隔十年。「我媽媽一直叫我別再考了，趕快找個對象結婚吧，我想，這又不是考狀元，錄取率還有百分之十幾，如果考不上一定是準備不周。」經過這種充滿挫折的求學過程，黃德泉體會了人生很多道理。「我就讀的小學，在我畢業那年一共有160個畢業生，去唸大學的只有5個；我後來就讀竹南高中，我們班考上大學的也只有十來個。」但是，黃德泉說，「今天中國時報上有一個八十幾歲的老阿公，已經拿了兩個空大的學士學位，還想拿第三個。」像這樣鍥而不捨奮發向上的人很多，他說自己並沒什麼特別的。

問他創業的動機，他說在五南十年後，已經覺得不能對公司再有任何貢獻，非常痛苦，他想這樣下去，到了六十歲一定會後悔，便帶著切腹自殺的決心，毅然決然出外創業。靠著自己積蓄的15萬元、母親向農會及親友借來的40萬元、老東家五南補習班主任借給他的30萬元，以及五、六位朋友湊的15萬元，於民國74年2月12日在新竹市中正路開設了金鼎獎書局。

創業維艱，靠著一起長大的好友友情贊助，在五南十年累積的社會資源，黃德泉從平地將高樓建起：「聯經、時報這些出版社對我都很夠義氣，我進的第一批貨聯經一年後才結帳，時報則保留半年。」台北有六個出版界的朋友每個人湊兩三萬，一共借我15萬。「他們都沒說要我還，純粹友情贊助。」後來黃德泉還是還了這筆錢，他們還婉拒了黃自己加上的利息錢。

喜歡和人說話、聽人說話的大學生老闆

創業那年他大三，每天在店裡待到下午四點再坐火車去台北上課。五年後，因房東收回原地改建而結束金

鼎獎書店，繼而又開了古今集成及展書堂共八家書店，現在已是桃竹苗地區最大的連鎖書店。從第一家書店開始，黃老闆都親自坐鎮櫃臺，許多父母帶著孩子來書店，都會請他推薦書單，他只要和孩子聊一下就能瞭解其性向，在這樣互動的過程中，他和許多顧客就成為很好的朋友。但是現在分店多了，不再有那麼多時間和讀者接觸，但是他非常懷念過去那種感覺：「我非常喜歡和人接觸，做服務業的人天生就喜歡聽人講話，和人講話，這是很重要的人格特質。當然你要很真誠、實在，讓別人很放心。有些七、八歲的小朋友來到店裡，吵鬧著要父母買這個那個，我就會告訴他們：小朋友，爸爸媽媽賺錢很辛苦，你如果覺得一定要買什麼，今天先不要買，下次再來買。因為我覺得做生意不能唯利是圖。」

閱讀習慣改變，經營方式也必須改變

金石堂相鄰古今集成不遠，如果談到兩家書店最大差異，黃老闆說他對高普考用書、理工科工具書、學生參考用書等類別比較重視，金石堂則比較偏向文學類與暢銷書，還有宣傳的時效性也很重要，在一本新書發表同時，書店必須為它安排擺列位置，製作宣傳海報，否則很快就埋沒在茫茫書海中。書店為書籍所做的安排位置，為新書所做的介紹文宣，為讀者所挑選的書種是否符合需求，以及店員的服務態度，都影響了書店的經營績效。青少年閱讀種類的改變，已經沒有人願意看「大部頭」的書，因為這個社會太多元了，吸收新知訊息的管道也太多，可供消遣的對象方式不斷推陳出新，致使青少年可用來閱讀的時間相形減少。網路興起之後，又相當程度地改變了青少年的閱讀習慣。以長遠的觀點看來，對書店業的衝擊將會產生——事實上目前也已經產生。三十歲以上的人還是習慣閱讀平面媒體，年輕一輩已經習慣從網路接收第一手、零時差的資訊，這是值得現在所有實體書店業者應該思考的問題。如果還用傳統觀念去經營，這種利基將越來越薄弱。這種電子商務在美國相當興盛，AMAZON網路書店對同業的影響就非常大，許多傳統書店因此而結束營業。台灣因為幅員狹小，還很難從網路書店中得到利潤，像最完整的「博客來」書店現在也很難獲利。

各地都可以買到暢銷書，就是在鄉下巷口的小書店，連大賣場都可以買到，但是網路上的交易已經是未來的趨勢。黃老板說：「書店經營中，物流費用占了很大比率，我們跟供應商之間的聯繫也朝著電子商務的方向在走，在網路中下訂單可以減少訂貨手續往來時間的消耗。像學英、遠流、吳氏等出版社與我們的業務都是以EDI（電子資料交換）的方式在進行，我們把電腦中的銷貨統計轉成訂貨單，用E-mail方式寄給供應商，他們將我們的訂單再轉成發貨單後回傳。出版社能這樣做的也非常有限，但是如此一來繁複的紙上作業時間就省去不少。」

從書店的交易方式談到閱讀方式的改變，黃德泉認為，年輕一代已經習慣使用電腦閱讀資料，這影響平面出版品的發展，當然對出版社與書店業者也有無比的影響，當電腦成為生活的一部分後，書店業者必須強烈感受到這個危機，要如何因應呢？黃德泉以誠品為例，誠品認為自己不只是販售書籍商品的書店，也是提供感覺與氣氛的場所，它賣空間動線，賣無形的價值。但是在電子商務時代來臨後，網路書店將會取代傳統書店，到時誠品仍不免被歸類於傳統書店之列。

黃老闆現在正在交通大學念EMBA（高階主管管理

碩士），他掏出學生證，讓筆者看得肅然起敬。談起學生生涯，他神采奕奕又帶點驕傲地介紹校中名師如張忠謀等，受到各界矚目。每個禮拜六他會到學校去，吸收新資訊，與和他一樣的高階管理人交換心得。看著他準備的詳盡資料，聽他分析現在青少年閱讀習慣的轉變，我想他對未來已經做好妥善規劃，所以有著不懼不迎的氣勢。他引用高清愿的話說：「經營事業要有以性命相拼的決心。」又引日本經營之神松下幸之助的箴言：「領導者必須有以生命為賭注，全力以赴的決心。」來激勵自己，透過黃德泉的自信與決心，以及對文化傳承的殷殷企盼，我們看到台灣的希望。

台南敦煌

把老闆的店當作自己的店經營

韓維君

獨立開創書店特色

台南敦煌書店開設即將屆滿九年。在一般人認知中，敦煌書店是以出版與販售英文書為主的專業書店，但是，就是從敦煌台南店開始，逐漸走向了中文書籍的出版與販售。由於台北、台中、高雄地區的敦煌書店賣場並不是很大，主要營業項目仍是販售本版英文書籍；台南敦煌剛好有比較大的賣場，黃店長想，不妨試賣中文書籍看看，結果有相當出色的成績，從此開始注重中文書的進書，企圖開拓中文書籍的市場。

黃店長在九年前開始經營敦煌台南店，他說那是在一個偶然的機會下才進入這個領域的，因為自己非常喜愛讀書，從不間斷對中文書籍的引進、整理與經營，花了很多心血之後才有今天的成績。他說，台北總公司對此感到十分意外，因為其他分公司仍以外文書出售為大宗，只有台南店不同。他說，這也是敦煌與其他出版社不同之處，敦煌各地分店可自行接受訂貨，不需經由總公司統籌，因此在速度上較其他書局更快。

黃店長表示，在物流方面，幾個大型連鎖書店都是採用「後場作業」方式（如金石堂、何嘉仁、新學友等即採後場作業，誠品計畫跟進），不採取這種方式可能讓敦煌獲利較低，但他們似乎只採壓低折扣的方式，並無更好的銷售策略。在人力編制方面，如金石堂的店長並無特別的訓練，來什麼書即上什麼書，沒有自己訂書的權力，因此各出版社也不必前去查書，因為從公司報表上可以看得一清二楚。敦煌則由組長、組員負責部分書籍採購的工作，店長主要只負責監督以及檢視帳目等工作，在權責上敦煌成員所負擔者較其他書店為大。

本版教材不受開放影響

繼而問起敦煌為中國人經營，何以主要營業項目為外文書這個問題。黃店長表示，乃因老闆與經營台灣英文雜誌社的陳氏圖書的老闆有些淵源，兩個人一個走雜誌經營，一個走英文書出版。早期進口英文書的書局較少，因而敦煌獲利較高，後來轉為出版由小學至大學的外語教材，因為此項利潤較大。由於後來進口書的競爭對手較多，獲利亦小，因而轉變經營方向。現今庫存的英文教材（由幼稚園至大學）總數大約有5,000種以上，十分可觀。因此目前雖面對經濟不景氣，但對敦煌尚不至有太大影響。敦煌本版教材，在銷售量方面，遠比文具或他類書籍更占大宗。有些大書局並無本版教材、參考書的編制，新學友在三年前曾編小學教材，南一書局、翰林書局也編教材和參考書，但他們皆須在三年內有所更改或修訂，否則一旦教材市場開放，現在的辛苦也許將付諸於流水。敦煌由於走語文的路線，對於上述影響可以避開。其他中文出版社自過年後就大受牽連，因為一個家庭要縮減開支就會先由買書開始—尤其是娛樂性的書。

繼而問到，據他觀察，台南與北部的「銷售排行榜」有何差別？他說各書局的計算方式不同，有的出版社會受出版商的影響（如金石堂）：敦煌則是由各分公司的實際銷售額交由總公司統計後再統計出來的結果。因此，敦煌有各地分公司自己的銷售排行榜與總公司整體性的排行榜，依照真正銷售情況據實反應，較不受出版商的影響。而南北的排行存有些微的差異，如《第一次的親密接觸》，由於作者是南部人，在南部賣的就比較好。而在政治書方面，如國民黨人物的書在南部就賣的不如民進黨的好。

書店發展史：從北門街到中山路

從黃店長口中，我們知道了台南書店的發展史：原來，台南北門街是條書街，加上舊書攤，大大小小的書店約有二十家左右，另有二十家電腦店，在寒暑假生意特別好，在那邊很多暢銷書可以七折買到，所以台南真是要拼能力的。敦煌九年前進駐中山路，金石堂比敦煌晚開三、四年，1998年11月誠品亦加入經營。金石堂新開第一年，敦煌打得很累，一方面要把人潮從北門街拉過來，一方面還得向顧客解釋敦煌為何不打折，到了第二、三年就好些了，除非有貴賓卡，大家都知道敦煌是不打折的。

自金石堂來後，敦煌的銷售方式也起了一些變化，如開始提供訂書服務，如果客人願付郵費，也幫外地客寄書；在大台南地區只要金額夠多，敦煌也提供外送服務。這是良性競爭下造成的改變。誠品走的是高格調路線，但是台南買書人的習慣已然養成，因此大約吸引走一到二成較高層次的購書者。至於休閒性、參考書的類型，誠品是不賣的，相較之下，敦煌的類型，顯得豐富許多，更能符合多數人的需求。以前敦煌是不賣參考書的，但台南人非常注重孩子的教育，敦煌也只好順應顧客需求。每逢寒暑假，孩子要讀課外書、作心得報告，如果學校老師推薦20本書，部分父母會照單全收。台南買書的熱度其實比高雄更高，出版商也反應了這個差異。

據黃店長觀察，如「台灣問題研究」這類本土素材，在台南本地獲得相當肯定。這些原本歸在歷史類的書籍，每逢二二八前後總有衆多購買者，他們便另作歸類。只要不違背總公司的大原則，他們都可以彈性運作，他說，這就是台南店的最大特色。對於出版社推薦的新書，他會先瞭解其銷售概況，如出版醫藥書籍的華杏書局曾與他接觸，希望能代銷，他瞭解華杏在台南地區只有小小的一家代銷商後，便應允代銷，果然銷量極好。有時顧客詢問何以不銷某書，他也會再作評量後決定銷售與否：「因為出版社實在太多了，我必須謹慎篩選」，他說。

黃店長談到在經濟不景氣的壓力下，出版社出一本書並不容易，有些書店對於不喜歡的書，根本不擺放出來，只等著退書，他則盡力配合推出，銷售量實在不行才退書。如時報「開卷版」與聯合報「讀書人」所辦的

「十大排行好書」，實際上叫好不叫座，但為配合總公司及政策需要仍須排出展示。他認為是因為這些書不夠大衆化，所以銷路並不太好；再者，兒童暢銷書排行榜部分是直銷書，如漢聲、信誼的出版品，如需配合暢銷排行榜或書展，就必須向這些直銷書出版社訂書，在作業上頗有難處。

黃店長又談到他對連鎖書店的觀察結果：誠品的特色是人文藝術類書較多，書店空間大，但是只是將暗庫存變為明庫存，因而在數量上並不如敦煌多。新學友的經營策略較往年改變許多。敦煌一直以外文書為主要經營項目，而台南店特別樂意與顧客交友，不以折扣而是以書種齊全取勝。在誠品開幕之後，敦煌外文書的銷售沒受到影響，暢銷書則略受影響，但他們仍以提高服務品質為主要競爭策略。金石堂、何嘉仁兩家都是以暢銷書為主，金石堂的文具齊全為其主要特色。

敦煌每月訂有主題展，也許因某作者謝世，為他特別推出一個專題（有人提議舉辦蘇雪林作品展，但恐怕無太大市場）；或為某作者辦紀念展，如余光中。敦煌也經銷蔡志忠的英文版漫畫，如《孫子兵法》、《老子說》……，原是賣給老外看的，後來也在國內銷售，不意銷路特佳。去年他們舉辦世界文學展，廠商給予8折優惠，迴響熱烈，大約賣到七成左右，銷路超乎想像的好。早期辦過有聲書展，近年有聲書漸多，也許不久之後會再辦一次。他們總不斷思考，隨時調整銷售策略與行銷方向。

敦煌的採購方式採層層負責制，每一個組員大約分派40家廠商，進退貨全由一人包辦，組長及主任負責監督，每月展覽則由組長以上的人負責。人員編制上，店長下設四個組長，資歷都很深，流動率低，專業水準很夠。敦煌高雄店甚至想把組員送來台南訓練，那是因為店中中文書比率較高，中文組的組員也最齊備。

黃店長說，台灣書店的大環境不是很好，如果只靠暢銷書，一定會「死的很難看」，所以出版與經銷專業書有很大的好處。誠品到台南來開業，對敦煌雖然造成一定影響，但他預計會愈來愈小。他認為，一個書局的經營者（此指當地負責人）的經營手法十分重要，他對職位升遷沒有太大興趣，現在只想把台南店當成「自己的店」來經營。他常常在對店員談話時表示，希望所有服務人員能多瞭解客人需求，以高度熱忱來服務顧客。而他自己對書店業存有濃厚的興趣，到今年已有九年多，熱情依然不減。

他說，雖然現在摸書不如店員摸得多，但不管誰休假他都可以代誰的班，這也是令店員們心服口服之處。各類書一到他就立刻上架，有任何資訊他立刻轉達，遇到他們沒有的書，會主動告知客人去何處購買——比如台南只有兩個地方販售空大的書，如遇詢問，我會主動告知。他認為，給客人方便，他們以後就會繼續來店裡光顧。

他熟悉每一本書的動向，如遇不解便立刻查詢。他說，「有次被人問起一本叫《線索》的書，我告知已經絕版，對方十分訝異，便至原出版社查詢，果如我所言。因為我對銷路一向很好的《線索》突然不再出書，十分納悶，經詢問後知道是版權出了問題。」他喜歡探求真相，可以立刻提供資訊給別人，他覺得這是和客人交朋友的最好方式。有時沒找到客人要的書，即使客人走了他仍不死心，一定要找到才甘心。

黃店長說：「我本身非常喜歡看書，進入書店這一行後，發現台灣買書人口比率非常低。因此我主張來敦煌看書不一定要買書，因為我希望大家有錢多買書，沒錢多到敦煌看書。」他也希望能把店前停車位買下，規劃為讀者的停車位，免除現在容易違規停車的煩惱。他說：「我希望能營造一個看書、買書的良好環境。希望日後能有機會在我住的社區中開一家小小的書店，賣一些自己喜歡或大衆喜愛的書，迎合多數人的需求，這是我對未來的規劃。」

花蓮瓊林書苑

浪漫築夢，築夢踏實

韓維君

把經營書店當作一生志業

「當家樂福在花蓮開了以後，讓很多傳統的雜貨店關門了，大型連鎖商場的進駐，已經影響花蓮的消費市場。」瓊林書店老闆許家盛說，誠品書店擁有太多社會的關注與隨之而來的便利，實在應該多多辦活動回饋社會。他反對開書店可以提昇氣質的說法，開書店賺錢是應該的，他的看法是企業要好好經營，否則這種不當的觀念會誤導台灣的書店市場。

他覺得誠品商場的經營會把書店拖垮，如果真的發生，對台灣的讀者會是一個很大的衝擊。雖然有人提出現在誠品的書店營業額的虧損是靠商場營業額來彌補的，但他覺得台灣連鎖書店最大的危機是經營的know-how，電腦制度、人員管理制度做的不好，所以才會產生連鎖書店每下愈況的情形。他說，因為台灣書店進貨項目很雜，導致連鎖書店在電腦管理系統和管理系統與人員管理系統無法做好，國外的書店就單純賣書，台灣書店管理人員不但要懂得書還要懂得雜誌和文具、禮品、兒童書、電腦資訊等等，不是連鎖書店的「店員10天訓練」、「幹部20天訓練」就可以達成的。

訓練一個店員不是只有訓練他學會看報表，這是一個錯誤的觀念。比如一本書在台北賣得很好，在花蓮分店卻不一定好賣，連鎖性的書店就會面臨這樣的難題：是否要定一樣的數量？在電腦統計表上是看不出地區性的差異的。他認為文化商品還有一個特殊點，就是它有「季節性」的差異，專業經營者本身應該瞭解這種特點。他認為台灣連鎖書店的問題，是經營者通常不是以書店為經營主業，這便導致經營手法不夠專業。

書店經營不可能像seven-eleven

經營書店不可能像經營seven-eleven一樣，可以決定店裡只進固定的2,000個item，這樣的專業知識如何只以經營know-how的方式傳授？這需要多年的經驗累積。「我覺得大家把書店的經營看得太容易了，但必須強調的是台灣的書店經營方式與國外書店不一樣。因為在台灣，單純只賣書又經營得好的，只有誠品書店。」他敢說，如果有人建議金石堂把禮品撤掉只賣書，金石堂絕對不敢這樣做。他認為連鎖書店的問題很大，但是站在同是書店經營者的角度來看，他還是希望大家能朝比較好的方向去走。如果在欠缺整體規劃的情況下就大量開放經營書店的數量，只會把市場生態破壞得更糟糕。

他認為現在的當務之急，應該不只是擴增書店數量，而是「增加閱讀人口」：「這應該是政府的責任，我們所能做的也只是企圖從一個體制外的角色去衝撞體制內的規範，也許可以為行政單位衝撞出不同的思考模式。」雖然花蓮只有十幾萬人口，他們也貢獻出全力來經營；他說有時候想想，如果以經營瓊林的專業能力去台北經營，也許不只是現在這個樣子，但是這也很難說。「因為在台灣開書店太辛苦了，國外書店早上十一點開門，晚上七點關門，一天只要八個小時;台灣則要從早到晚，經營者還得處理勞基法和週休二日的問題。我覺得政府在立法時忘了評估台灣與國外的差別，他們的文化環境與背景造成他們的行政制度，我認為台灣目前還沒有辦法適用勞基法所規定的『一天工作八小時』

規定。這讓我們經營者有說不出的苦衷。」在新學友、金石堂紛紛開放加盟經營的當下，他認為經營書店並不是一件如報導所言那樣「快樂高尚」的行業，背後的苦只有經營者自己知道。「我常常說員工不做的事情就是由老闆來做，為什麼會這樣子？我認為政府要負很大的責任。」除了工時問題，稅法也是問題，在國外，書店等文化事業的加值營業稅都可減免，結果台灣文化事業的加值稅不但不得減免，還因為消費者不習慣稅外加的規定，政府就要求由廠商自行吸收。

大型企業因為有著雄厚的資金，自然就能克服這些體制上的問題，所以許多地方性小型書店的消失，不是沒有原因的。「我一直不希望有太多連鎖性的書店存在，台灣的連鎖書店如果沒有自己的風格，就會讓書店變成便利商店一般，只是一個單純的銷售場所。」他舉誠品為例，「誠品還是專攻它的藝術人文市場，但我覺得它的經營方向已經慢慢轉移了，現在比較傾向於商場的經營。我不禁想問，誠品十年前後，書店的精神有提昇嗎？」會這麼說，是因他很關心誠品的發展，「因為它已經受到大眾矚目，對其他書店的衝擊又那麼高，我誠心希望它能走地更好。對大家都有幫助。如果有一天做不好收起來，對台灣文化形象的影響不可謂不大。」他說據《商業週刊》報導，誠品本來10億的資本額已經虧了7億，因此他希望誠品不要再把書店以商場方式經營，還進一步把這種模式推到全省。

經營者回饋讀者的心意

他很欣賞日本在東京八重洲的一家書店叫Book Center，它的賣場從地下室到七樓，每一樓大約有6、700坪，每一樓層都賣不同類型的書：地下室賣的是旅遊書，一樓是雜誌，二樓是理工方面的書等等。書店的經營者是一家建設公司的老闆，為了要回饋東京的人民，就把這棟建築蓋成書店。「這家書店的種類非常齊全，你可以瞭解經營者回饋讀者的心意，也可以感受到日本讀者的文化水準」，「我的意思是如果誠品想要好好經營書店，就應該為在地人服務，成為台北的精神指標，對台灣形象會有正面的影響；如果你想賺錢，就明明白白地表示出來，不要說是一套，做又是另外一套。」他認為全世界找不出哪個專業書店是把書店和商場結合在一起的，「我認為誠品應該走出它自己的發展方向。因為我可以預料如果遇到資金週轉不靈的狀況，後果是很可怕的。」

唯一敢在書店中邊吃便當邊看書，混在讀者群中站著看雜誌，看不出是老闆許家盛與溫柔嫻靜的老闆娘鄭淑華說，瓊林常常舉辦活動，比如去年聖誕節他們申請「封街」，這條街上擺滿了賣聖誕禮品的攤子，整條街擠得滿滿的人。他們請徐仁修帶大家去溯溪，穿著雨衣坐在溪邊吃午餐，河面上起了一陣霧，美極了。他們去尋找螢火蟲，大家關了手電筒，一片片葉子翻開來找，她看到一隻，就把它放在手指尖，說：「ET回家了！」他們也常跟花蓮師院的教授合辦活動，許多客人到最後都變成他們的朋

友——「因為以前我們是作業務的，我們很喜歡看書，也常介紹書給別人看，有一年我介紹的書《讓高牆倒下

吧》還成為一個學校的指定寒假讀物。」

瓊林書店的經營方針就是為所有的愛書人服務，這是老闆夫妻的終身夢想，我們希望他們「浪漫築夢，築夢踏實」。

附錄 I 連鎖書店

新學友書店

總公司
電話：02-2703-7777
地址：敦化南路一段259號

忠孝辦公室
電話：02-2651-1515
地址：忠孝東路六段465號B2樓

敦化門市
電話：02-2703-7777
地址：台北市大安區敦化南路一段259號
營業時間：11:00-21:30

民生門市
電話：02-2719-1273
地址：台北市松山區民生東路四段69號
營業時間：11:00-21:30

忠孝門市
電話：02-2651-8000
地址：台北市南港區忠孝東路六段465號
營業時間：11:00-21:30

八德門市
電話：02-2570-2668
地址：台北市松山區八德路三段208號
營業時間：11:00-21:30

重慶門市
電話：02-2557-2222
地址：台北市大同區重慶北路二段235號之4
營業時間：11:00-21:30

天母門市
電話：02-2873-5566
地址：台北市士林區天母東路38號
營業時間：11:00-21:30

板橋門市
電話：02-2954-0646
地址：台北縣板橋市中山路一段67號
營業時間：11:00-21:30

士林門市
電話：02-2882-2002
地址：台北市士林區文林路281號
營業時間：11:00-21:30

土城門市
電話：02-2263-5900
地址：台北縣土城市中央路二段270巷2號
營業時間：11:00-21:30

湯城門市
電話：02-2278-1239
地址：台北縣三重市重新路五段609巷2號B2樓
營業時間：11:00-21:30

埔墘門市
電話：02-2950-4801
地址：台北縣板橋市三民路二段101號
營業時間：11:00-21:30

三民門市
電話：04-225-7999
地址：台中市北區太平路28-3號
營業時間：11:00-21:30

逢甲門市
電話：04-451-9595
地址：台中市西屯區福星路427號B1樓
營業時間：11:00-21:30

美森門市
電話：04-277-0788
地址：台中縣太平市中興東路175號2樓
營業時間：11:00-21:30

站前門市
電話：04-226-3747
地址：台中市中區綠川西街135號B1樓
營業時間：11:00-21:30

大墩門市
電話：04-323-1515
地址：台中市南屯區公益路二段113號
營業時間：11:00-21:30

大衛門市
電話：04-201-3234
地址：台中市北屯區進化北路一段579號
營業時間：11:00-21:30

崇德門市
電話：04-238-1515
地址：台中市北屯區崇德路一段79號
營業時間：11:00-21:30

永福門市
電話：04-463-2838
地址：台中市西屯區永福路138號
營業時間：11:00-21:30

大雅門市
電話：04-298-5123
地址：台中市大雅路616號
營業時間：11:00-21:30

嘉義門市
電話：05-227-2977
地址：嘉義市中山路617號 3樓
營業時間：11:00-21:30

成功門市
電話：06-208-4980
地址：台南市東區前鋒路210號 6樓
營業時間：11:00-21:30

中正門市
電話：07-223-6000
地址：高雄市苓雅區中正二路18號8樓
營業時間：11:00-21:30

尖美門市
電話：07-221-8166
地址：高雄市三民區大昌二路210號6樓
營業時間：11:00-21:30

林森門市
電話：07-272-8066
地址：高雄市新興區林森一路165號
營業時間：11:00-21:30

金石堂書店

汀州店
電話：02-2369-1245
地址：台北市汀州路三段184號

城中店
電話：02-2381-5705
地址：台北市重慶南路一段119號

站前店
電話：02-2371-0306
地址：台北市忠孝西路一段78號

莒光店
電話：02-2337-0506
地址：台北市西藏路125巷9號

信義店
電話：02-2322-3361
地址：台北市信義路二段196號

東豐店
電話：02-2704-1467
地址：台北市東豐街18號

忠孝店
電話：02-2751-8202
地址：台北市忠孝東路四段230號

明德店
電話：02-2753-1714
地址：台北市忠孝東路五段297號B1

民生店
電話：02-2768-2757
地址：台北市民生東路五段119號

民生二店
電話：02-2717-2425
地址：台北市民生東路三段113巷25弄29、35號

東湖店
電話：02-2631-0243
地址：台北市東湖路80號

欣欣店
電話：02-2562-3534
地址：台北市林森北路247號2F

大直店
電話：02-2533-1020
地址：台北市大直街62巷2號

士林店
電話：02-2883-5752
地址：台北市文林路121號

天母店
電話：02-2871-7641
地址：台北市天母西路3號之32-52

石牌店
電話：02-2820-8389
地址：台北市石牌路二段46號

陽明店
電話：02-2861-1593
地址：台北市格致路7號2F

大安店
電話：02-2701-9322
地址：台北市建國南路二段201號1F

和平店
電話：02-2351-3128
地址：台北市羅斯福路二段41之49號B1

德安店
電話：02-2791-0073
地址：台北市內湖區成功路四段180號7F

遠企店
電話：02-2377-3628
地址：台北市敦化南路二段203號B1

捷運一店
電話：02-2541-1960
地址：台北車站淡水線地下一樓商場A1

淡水店
電話：02-2621-6066
地址：台北縣淡水鎮英專路4號

永和一店
電話：02-2922-1102
地址：台北縣永和市永和路二段224號

永和二店
電話：02-2920-6730
地址：台北縣永和市福和路143號

永和三店
電話：02-2945-1494
地址：台北縣永和市中正路280號1.2F

雙和店
電話：02-2231-4595
地址：台北縣永和市中和路511-513號

中和店
電話：02-2249-4594
地址：台北縣中和市中和路25號2樓

新店店
電話：02-2913-8104
地址：台北縣新店市中正路190號

新莊店
電話：02-2990-5602
地址：台北縣新莊市新泰路302號

建安店
電話：02-2205-5706
地址：台北縣新莊市建安街113～115號1.2F

文化店
電話：02-2250-3313
地址：台北縣板橋市莊敬路137號

樹林店
電話：02-2686-4638
地址：台北縣樹林鎮中山路一段77號

蘆洲店
電話：02-8281-4780
地址：台北縣蘆洲市長安街96號2F

羅東店
電話：039-572-911
地址：宜蘭縣羅東鎮中正路133號

宜蘭店
電話：039-361-170
地址：宜蘭市光復路55號

基隆一店
電話：02-2420-1741
地址：基隆市忠一路14號

基隆二店
電話：02-2423-3309
地址：基隆市信一路63號2F

桃園店
電話：03-339-6342
地址：桃園市成功路一段19號

中壢一店
電話：03-422-8644
地址：中壢市建國路62號

中壢二店
電話：03-425-4592
地址：中壢市新生路57號

壢遠店
電話：03-425-6200
地址：中壢市中央西路120號B1

新竹店
電話：03-522-4829
地址：新竹市中正路2號

苗栗店
電話：037-360-915
地址：苗栗市光復路55號

竹南店
電話：037-463-986
地址：苗栗縣竹南鎮光復路128號

台中一店
電話：04-229-8278
地址：台中市太平路34號

台中二店
電話：04-228-1090
地址：台中市自由路二段79-81號2-4樓

逢甲店
電話：04-259-1900
地址：台中市福星路420號

台中站前店
電話：04-221-3950
地址：台中市中山路6號

公益店
電話：04-321-1566
地址：台中市公益路161號

豐原一店
電話：04-525-3595
地址：台中縣豐原市中正路143號B1

大甲店
電話：04-680-3455
地址：台中縣大甲鎮蔣公路25號

彰化店
電話：04-727-2146
地址：彰化市光復路173號

員林店
電話：04-833-0832
地址：彰化縣員林鎮中山路二段16號

草屯店
電話：049-303-170
地址：南投縣草屯鎮中山街114號

南投店
電話：049-244-182
地址：南投市民族路297號

斗六店
電話：05-534-5643
地址：雲林縣斗六市大同路17號

虎尾店
電話：05-633-0230
地址：雲林縣虎尾鎮和平路105-1號

嘉義店
電話：05-222-2670
地址：嘉義市中山路494號

台南一店
電話：06-220-6530
地址：台南市中山路147號

台南二店
電話：06-223-1518
地址：台南市民生路二段6號.8號

新營店
電話：06-635-4088
地址：台南縣新營市中山路136號

高雄店
電話：07-221-6081
地址：高雄市中山一路285號

建工店
電話：07-383-7015
地址：高雄市建工路462號B1,B2

瑞隆店
電話：07-726-3512
地址：高雄市前鎮區瑞隆路472號

左營店
電話：07-587-9732
地址：高雄市左營區左營大路40.42號

鳳山店
電話：07-719-0401
地址：高雄縣鳳山市中山路66號

五甲店
電話：07-811-1920
地址：高雄縣鳳山市五甲三路24.26號

屏東一店
電話：08-765-1712
地址：屏東市復興路22號

屏東二店
電話：08-732-2038
地址：屏東市中山路11號

潮州店
電話：08-788-9056
地址：屏東縣潮州鎮中山路121號

壢盟店
電話：03-426-8030
地址：桃園縣中壢市中正路82號2F

何嘉仁書店

基隆店
電話：02-2424-4714
地址：基隆市愛四路三段78號B1,1, 2,樓
營業時間：11:00-22:30

三重店
電話：02-2982-9529
地址：台北縣重新路二段57號B1,1, 2,樓
營業時間：10:00-22:30

新南店
電話：02-2239-3745
地址：台北市新生南路二段2號2樓
營業時間：10:00-22:00

忠孝店
電話：02-2773-5813
地址：台北市忠孝東路四段289號B1
營業時間：10:00-22:00

南京店
電話：02-2546-5025
地址：台北市南京東路三段305號
營業時間：10:00-22:00

松江店
電話：02-2515-1179
地址：台北市松江路131號
營業時間：10:00-22:00

北投店
電話：02-2892-0930
地址：台北市北投區中和街49號
營業時間：10:00-22:00

永和店
電話：02-2947-9141
地址：台北縣永和市中正路300號1,2樓
營業時間：10:00-22:00

中華店
電話：02-2333-7496
地址：台北市中華路二段496號1,2,3樓
營業時間：10:00-22:00

板橋館前店
電話：02-2953-8750
地址：台北縣板橋市館前東路26號B1, 1樓
營業時間：10:00-22:30

信義店
電話：02-2708-4528
地址：台北市信義路四段260號1,2樓
營業時間：10:30-22:00

員山店
電話：02-2225-6238
地址：台北縣中和市員山路393號
營業時間：10:00-22:00

文林店
電話：02-2882-6396
地址：台北市文林路418號
營業時間：10:00-22:00

台中站前店
電話：04-2223-0728
地址：台中市中山路12號1,2,3,4樓
營業時間：09:30-22:00

新泰店
電話：02-2992-3723
地址：台北縣新莊市新泰路303號
營業時間：10:00-22:00

永和二店
電話：02-8660-6820
地址：台北縣永和市永亨路42號1樓
營業時間：10:30-22:00

板橋文化店
電話：02-2257-8101
地址：台北縣文化路二段92號
營業時間：10:00-22:00

板橋中正店
電話：02-2968-2321
地址：台北縣板橋市中正路218號1, 2樓
營業時間：10:00-22:00

華納店
電話：02-8788-4881
地址：台北市松壽路三段16號2樓（華納威秀影城）
營業時間：10:00-22:30（假日延長）

中壢店
電話：03-422-4637
地址：桃園縣中壢市中山路141號B1, 1, 2,3樓
營業時間：10:00-22:00

士林店
電話：02-2880-2755
地址：台北市士林區基河路三段15號3樓
營業時間：11:30-22:30

誠品書店

台北
敦南總店
兒童館（B1）
電話：02-2775-5977
FAX：02-2731-8718
地址：台北市敦化南路一段245號2樓（新光大樓）
營業時間：全天24小時營業

世貿店
電話：02-2345-5577
FAX：02-2345-6787
地址：台北市信義路五段2號1,2樓（震旦大樓）
營業時間：11:00-21:30

中山店
電話：02-2874-6977
FAX：02-2873-1585
地址：台北市中山北路七段34號2,3樓
營業時間：11:00-21:30

忠誠店
電話：02-2873-0966
FAX：02-2873-0989
地址：台北市忠誠路二段188號3樓（誠品商場忠誠店）
營業時間：11:00-21:30

台大店
電話：02-2362-6132
FAX：02-2362-6310
地址：台北市新生南路三段98號1,2, B1, B2樓
營業時間：11:00-21:30

光復店
電話：02-2773-0095
FAX：02-2773-4733
地址：台北市光復南路286號B1樓
營業時間：11:00-21:30

南京店
電話：02-2717-2688
FAX：02-2718-8760
地址：台北市南京東路三段269 2-1號1, 2, 3樓
營業時間：11:00-21:30

西門店
電話：02-2388-6588
FAX：02-2375-3452
地址：台北市峨嵋街52號3樓（誠品商場西門店）
營業時間：11:00-21:30

捷運店
電話：02-2375-9488
FAX：02-2375-9399
地址：台北市忠孝東路一段49號B1樓
營業時間：11:00-21:30

板橋店
電話：02-2959-8899
FAX：02-2959-5763
地址：台北縣板橋市中山路一段46號7,8樓（誠品商場板橋店）
營業時間：11:00-21:30

三重店
電話：02-8982-1178
FAX：02-8982-0375
地址：台北縣三重市龍門路6號1,2,3樓
營業時間：11:00-21:30

統領店
電話：03-337-3993
FAX：03-337-4013
地址：桃園市中正路61號8樓（統領百貨）
營業時間：11:00-21:30

中壢店
電話：03-527-8907
FAX：03-427-9700
地址：桃園縣中壢市元化路357號9樓（太平洋SOGO百貨）
營業時間：11:00-21:30

新竹店
電話：03-527-8907
FAX：03-522-8200
地址：新竹市信義街68號1,2,3樓
營業時間：11:00-21:30

中友店
電話：04-221-2187
FAX：04-224-1690
地址：台中市三民路三段161號10樓（中友百貨C棟）
營業時間：11:00-21:30

科博店
電話：04-323-4958
FAX：04-224-1690
地址：台中市館前路1號（自然科學博物館）
營業時間：11:00-21:30

龍心店
電話：04-224-3111
FAX：04-224-1690
地址：台中市中正路80號7,8樓（原龍新百貨大樓）
營業時間：11:00-21:30

台南店
電話：06-208-3977
FAX：06-206-6164
地址：台南市長榮路一段52號3樓（東方巨人）
營業時間：11:00-21:30

漢神店
電話：07-215-9795
FAX：07-215-9802
地址：高雄市成功一路266號B2,B3樓（漢神百貨）
營業時間：11:00-21:30

屏東店
電話：08-765-1699
FAX：08-766-8646
地址：屏東市中正路72號4樓（太平洋百貨）
營業時間：11:00-21:30

附錄 II 特色書店

台灣ㄟ店
電話：02-2362-5799
FAX：02-2363-2864
地址：台北市新生南路三段76巷6號

自然野趣書店
電話：02-2518-1435
地址：台北市復興北路380巷8號1樓

中國音樂書房
電話：02-2392-9912
FAX：02-2321-1946
地址：台北市愛國東路60號3樓

頂尖音樂專門店
電話：02-2389-3888
地址：台北市成都路67號4樓-2A

亞典書店
重南店
電話：02-2312-0611
FAX：02-2312-0615
地址：台北市重慶南路一段49號2樓
營業時間：09:00-21:30，
例假日：10:00-18:30

仁愛店
電話：02-2784-5166
FAX：02-2784-5111
地址：台北市仁愛路三段98號
營業時間：10:00-21:00

書林
電話：02-2368-7226
FAX：02-2363-6630
地址：台北市新生南路三段88號2樓之5

唐山
電話：02-2363-3072
FAX：02-2363-9735
地址：台北市羅斯福路三段333巷9號

台北市立美術館藝術書店（北美館藝術書店）
電話：02-2595-7656
地址：台北市中山北路三段181號

理工書房
天瓏資訊圖書有限公司
電話：02-2371-7725
地址：台北市重慶南路一段 107號1F

儒林圖書有限公司
電話：02-2311-8971
地址：台北市重慶南路1段103號

松崗資訊
電話：02-2704-2762
地址：台北市敦化南路一段339號2F

華彩軟體屋
電話：02-2311-8765
地址：台北市忠孝西路一段50號25樓

震旦資訊量販店
電話：080-018-998
地址：世貿店 台北市信義路5段2號B1

光華店：台北市金山南路一段2號

永和店：台北縣永和市永和路二段116號

巨擘書局
電話：02-2331-0940
地址：台北市懷寧街36號2樓

曉園
電話：02-2362-7375
地址：台北市新生南路三段 96-3 號

校園書房
電話：02-2365-3665
2364-4001
地址：台北市羅斯福路四段22號

清大水木書苑
電話：03-571-6800
03-571-5131
請總機轉水木書苑
地址：新竹市光復路二段101號 清大水木餐廳2F

建築設計書店
惠彰企業有限公司
電話：02-2759-0715
FAX：02-2759-0595
地址：台北市信義路六段33巷3號
營業時間：週一至週五
10:00-21:00
例假日
10:00-18:30
其他時間請電話預約

啓茂書店

電話：02-2778-1768
FAX：02-2778-2970
地址：台北市忠孝東路三段98號
營業時間：10:00-21:00
例假日10:00-18:30

龍溪圖書

電話：02-2738-1988
FAX：02-2737-3292
地址：台北市和平東路三段98巷2弄1號1樓
營業時間：10:00-21:00
國定假日休息

桑格圖書

電話：02-2775-5907
02-2777-3020
FAX：02-2781-5642
地址：台北市復興北路15號14樓1417室（中興百貨）
營業時間：10:00-17:30

亞典書店

同前

東西畫廊圖書

電話：02-2314-8603
02-2381-3434
FAX：02-2381-8589
地址：台北市重慶南路63號5樓501室
營業時間：10:00-21:30，國定假日11:00-20:00，每個月第二個週日休

棠雍圖書

電話：02-2763-4374
02-2708-9572
FAX：02-2703-1642
地址：台北市忠孝東路五段297號B1（春天百貨）
營業時間：11:00-21:30
週六日、國定假日前一日
11:00-22:00

上博國際圖書有限公司

電話：02-2723-9333
FAX：02-2725-5539
地址：台北市信義路四段391號6樓之2
營業時間：星期一至星期五10:00-18:00，晚間請預約

誠品書店

請見附錄I

詹氏書局

電話：02-2341-2856
FAX：02-2396-4653
地址：台北市和平東路一段177號9樓之5
營業時間：星期一到星期五08:30-18:00，星期六 08:30-17:00，星期例假日休

舊書攤

人文書舍
電話：02-2321-4540
地址：台北市牯嶺街61-6號

網路書店

出版社網站
天下網路書店
http://book.cw.com.tw/
松崗資訊網
http://www.unalis.com.tw/unalis/index.html
九歌
http://www.chiuko.com.tw/
「福爾摩沙網路書店」台灣英文雜誌社
http://www.formosabooks.com/fmp/
成智集團所屬的「成智出版社」
http://www.successmart.com.tw/
林鬱出版社
http://www.linyu.com.tw/
前衛出版社
http://www.avanguard.com.tw/
台灣高等教育出版社
http://www.thep.com.tw/
臺灣書店
http://www.tbs.org.tw/
千華文化集團
http://chienhua.com.tw/
五南、書泉、考用
http://www.wunan.com.tw/
遠流
http://www.ylib.com.tw/
校園書房出版社
http://book.cef.org.tw/
時報
http://publish.chinatimes.com.tw/
九歌
http://www.chiuko.com.tw/
聯經
http://www.udngroup.com.tw/linkingp/

允晨
http://www.asianculture.com.tw/
幼獅
http://www.nchc.gov.tw/cgi-bin/cla/biznet/youth/index.cgi
文華圖書館管理資訊公司
http://www.whlib.com.tw/

網路書店

博客來網路書店
http://www.books.com.tw
金石堂網際書店
http://www.kingstone.com.tw/
三民書局
http://sanmin.com.tw/
光統圖書百貨公司
http://www.ktbooks.com.tw/
飛閱線上書屋
https://www.bookweb.iii.org.tw/
中國現代書店（朝暉網絡）
http://www.modernbooks.com/
敦煌書局
http://cavesbooks.network.com.tw/
諾貝爾圖書城
http://business.cycu.edu.tw/novell/
新學友
http://www.senseio.com.tw/
光復書局
http://www.kfgroup.com.tw/
以琳書房
http://www.elimbookstore.com.tw/
秋雨物流網路書店
http://www.bookmart.com.tw/
博學堂網上書店
http://www.chinesebooks.net/
宏總書店
http://www.hcce.com.tw/index-b.htm
亞馬遜網際書局支庫
http://www.cosmoscyber.com/amazon/index.html
女書店
http://fembooks.neatweb.net/
小書蟲童書坊
http://www.kidsbook.com.tw/
台灣ㄟ店
http://neuron.et.ntust.edu.tw/cswu/index.html
台灣書店
http://www.tbs.org.tw/
其他網路書店相關站：
Xwindow開窗資訊生活網-愛書人網站
http://www.xwindow.com/main.html
十大書坊
http://www.tentop.com.tw
全國新書資訊網
http://lib.ncl.edu.tw/isbn/newisbn/p1f.htm
法雅時代媒體
電話：02-8712-0331
地址：台北市南京東路三段337號地下一樓

附錄 III　有歷史的書店

正中書局
電話：02-2382-1394
地址：臺北市衡陽路20號

幼獅
電話：02-2382-2406
地址：臺北市衡陽路6 號
網址：http://www.youth.com.tw

世界書局
電話：02-2311-3834
地址：台北市重慶南路1段97號
網址：http://www.worldbook.com.tw

三民書局
復北店
電話：02-2500-6600
地址：台北市復興北路386號
重南店
電話：02-2361-7511
地址：台北市重慶南路一段61號
網址：http://sanmin.com.tw

商務印書館
電話：02-2371-3712
地址：台北市重慶南1段37號

藝文印書館
電話：02-2632-6012
地址：台北市羅斯福路三段253號4樓之三

華正
電話：02-2363-6972
地址：臺北市羅斯福路三段75號一樓

附錄Ⅳ　地方代表性書店

桃園　諾貝爾書城
電話：03-3793027
　　　03-3375082
傳真：03-3608224
地址：桃園市中正路56號B1

新竹　古今集成
電話：035-218272
地址：新竹市中正路16號

台南　敦煌台南店
電話：06-2296347
地址：台南市中山路163號

花蓮　瓊林書苑
電話：038-344048
傳真：038-341662~4
地址：花蓮市光復街52號

台灣書店風情

Enjoy系列 02

著　　　者 — 韓維君 馬本華 董曉梅 黃尚雄 蘇秀雅 席寶祥 張盟 王佩玲
攝　　　影 — 葉蔭龍 韓維君 馬本華
出　版　者 — 生智文化事業有限公司
發　行　人 — 林新倫
總　編　輯 — 孟　樊
執 行 編 輯 — 范維君
美 術 編 輯 — 木馬企劃設計工作室
登　記　證 — 局版北市業字第677號
地　　　址 — 台北市文山區溪洲街67號地下樓
電　　　話 — 886-2-23660309　886-2-23660313
傳　　　真 — 886-2-23660310
印　　　刷 — 科樂印刷事業股份有限公司
法 律 顧 問 — 北辰著作權事務所　蕭雄淋律師
初 版 一 刷 — 2000年3月
I S B N — 957-818-096-9
定　　　價 — 新台幣 220元
北 區 總 經 銷 — 揚智文化事業股份有限公司
地　　　址 — 台北市新生南路三段88號5樓之6
電　　　話 — 886-2-23660309　886-2-23660313
傳　　　真 — 886-2-23660310
南 區 總 經 銷 — 昱泓圖書有限公司
地　　　址 — 嘉義市通化四街45號
電　　　話 — 886-5-2311949　886-5-2311572
傳　　　真 — 886-5-2311002
郵 政 劃 撥 — 14534976
帳　　　戶 — 揚智文化事業股份有限公司
E-mail — tn605547@ms6.tisnet.net.tw
網　　　址 — http：//www.ycrc.com.tw

國家圖書館出版品預行編目資料

臺灣書店風情／韓維君等著．-- 初版．-- 臺北市：生智，2000〔民89〕

面； 公分．--（Enjoy系列；2）

ISBN 957-818-096-9（平裝）

1.書業 - 臺灣

487.6232 89000031